# 日本の水ビジネス

*Water Business*

中村吉明 著

東洋経済新報社

# はじめに

　最近、テレビ、新聞、各種ビジネス誌等で、水ビジネスの特集が組まれている。なぜ、今、水ビジネスが注目されているのだろうか。それは、水が石油などと同じように貴重な資源となっているからだ。

　すでにテレビなどで広く知られているように、世界では渇水や水質の悪化が深刻化している。世界全体で10億人に安全な水がいきわたっていないといわれているし、アジア諸国では、産業排水や都市化に伴う生活排水により、水質が急速に悪化している。

　つまり、自然が作り出す水だけではもう、私たちの生活を維持できなくなっているのだ。そうした背景が、きれいな水を作り出す、あるいは使用された水を再生するビジネスを世界的に活性化させているといえよう。

　具体的には、世界の2025年の水需要は、2000年比で約3割の増加が見込まれている。また世界の水ビジネスの市場規模は、2005年で60兆円であったのが、2025年には100兆円になるといわれている。

　この市場で活躍する日本企業を見ると、代表的なところでは、東レ、日東電工、東洋紡、三菱重工、三井造船、ササクラ、日揮、三菱商事、三井物産、丸紅、栗田工業、オルガノなどがある。また、中小企業、中堅企業の活躍も目を見張るものがある。技術の中身を見ると、海水の淡水化に活用される逆浸透膜などの要素技術では日本企業は世界のトップレベルにあって、世界シェアの70％と圧倒的な地位を占めている。日本企業の個別技術の水準は高い。

だが一方で、包括的な水ビジネス――上下水道の施設保有、料金の設定・徴収、オペレーション、メンテナンスなどを融合したビジネス――に目を向けると、欧州のヴェオリア、スエズ等、いわゆる「ウォーターバロン」の後塵を拝しているのが現状だ。

　さらにウォーターバロンは、その包括的な水ビジネスのノウハウをもって、上水道に限らず、下水道、工業用水道を含めた包括的な水管理を必要としている企業や地方公共団体や国家を相手に大きな取引を行っている。

　それに、シーメンスやGE（ゼネラル・エレクトリック）やIBMといった私たちにもおなじみの大企業も企業買収を通じて水ビジネスに参入しているし、企業だけでなく、シンガポール、スペイン、韓国などは、国家戦略として水ビジネスの育成を図っている。水ビジネスは今、ダイナミックに動いているのである。

　このような状況のなか、日本企業は、ウォーターバロンと肩を並べ、大きなビジネスチャンスをものにすることができるのだろうか。それとも、部品供給企業として生き残りをかけるべきなのか。また政府は、市場動向や、各国政府の動きをどう把握し、どのような政策をとっていくべきなのか。取り組むべき課題は多いと思われる。

　そこで筆者は、水ビジネスをめぐる日本の状況と、日本を含む世界の状況、それに対する各国企業、政府の対応を多くの読者の方々に知っていただきたいと思い、本書の執筆に取り組むこととした。

　世界の水ビジネスの概況を知りたい一般の方々や、水ビジネスを実際に行っている、あるいは関心のある企業の方々、また水の確保や、水をめぐる環境保全に関心のある政策担当者の方々にとって、本書が何らかの有益な書となれば幸いである。

目次

**日本の水ビジネス**

はじめに　　　　　　　　　　iii

第1章
## 水ビジネスは今どうなっているのか？　　1

# 第1部
# 日本の水ビジネス

第2章
## 海水淡水化ビジネス　　27

第3章
## 膜ビジネス　　47

第4章
## 上水道、下水道ビジネス　　63

第5章
## 水売りビジネス　　91

第6章
## 工場排水浄化ビジネス　　103

## 第2部
## 海外の水ビジネス

### 第7章
### シンガポール、スペイン、韓国の国家戦略　123

### 第8章
### ウォーターバロンの戦略　145

## 第3部
## 日本の水ビジネスの今後

### 第9章
### 「チーム水　日本」　169

### 第10章
### 日本企業はどこを狙うべきか　191

## 第4部
## 資料編

水ビジネス関係の参考資料　213

おわりに　227
参考文献／索引　231

装丁　山田絵理花

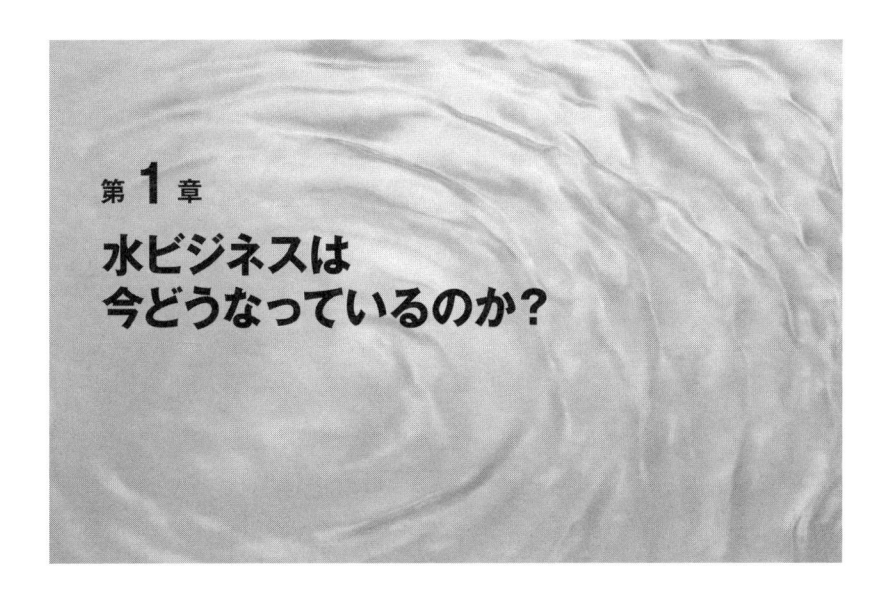

# 第1章 水ビジネスは今どうなっているのか?

◎本章の内容

　本章では、現在の世界の水ビジネスの現状を包括的に紹介する。そのうえで、日本の水ビジネスの強みや課題をあぶり出し、今後の方向性を占う。なお本章の記述は、以下の各章のトピックスを整理したものともなっている。とりあえず本の全体像を把握されたい読者には、まず本章を読むことをおすすめしたい。

## 1　水ビジネスとは？

　いうまでもなく、水は人間の生命の維持に不可欠である。人間は水なしでは1日たりとも生きていけない。ただ、私たちは、日々の生活において水についての切迫感がない。蛇口をひねれば飲み水が出てくるし、

一時期渇水に悩まされる地域もあるとはいえ、それが切実な問題となっていないからである。

　イザヤ・ベンダサンは四十数年前、『日本人とユダヤ人』の中で「日本人は、水と安全はただだと思っている」と記述しているが、最近に至るまで私たちには、水資源の不足はセンシティブな問題であるとの認識はなかった。

　ところが今、そうした認識を変えざるをえない出来事が生じている。

　例えば最近、地方公共団体が行ってきた水道事業の採算が取れなくなったり、また、数は少ないが、地方公共団体から民間企業に水道事業の業務を委託するなど、水道事業をめぐるさまざまな動きが出てきている。さらに、地域ごとに水道料金に違いが生じるようになっている。例えば、一般家庭（水道口径13mm）が月に20$m^3$使用した場合の水道料金は、最高と最低で9倍近い格差がついている（『週刊ダイヤモンド』2007年7月21日号）。

　これらの動きは、水は私たちが思っている以上に金銭的価値が高く、水供給のサステナビリティに問題が生じていると認識されるようになってきた証左なのかもしれない。

　実際、日本でも、水の供給がビジネスとして成り立ちつつある。だがそれは局所的なものにとどまっており、大きな胎動とはなっていない。

　一方で世界に目を転じてみると、水資源の確保が深刻な問題となっている。人口増加や工業化の進展に伴い、水需要が増加する一方で、環境汚染により十分な水源を確保できない地域が多く存在するようになってきたからである。

　こうしたなか、それをビジネスチャンスとして捉え、積極的に水ビジネスを展開する欧米企業が増えている。特に第8章で取り上げる、海外水メジャーと呼ばれるヴェオリア、スエズなどの企業が目立っている。これらの企業は、フランスでナポレオン3世の時代から水の供給を行っ

図1-1　水ビジネスの総体

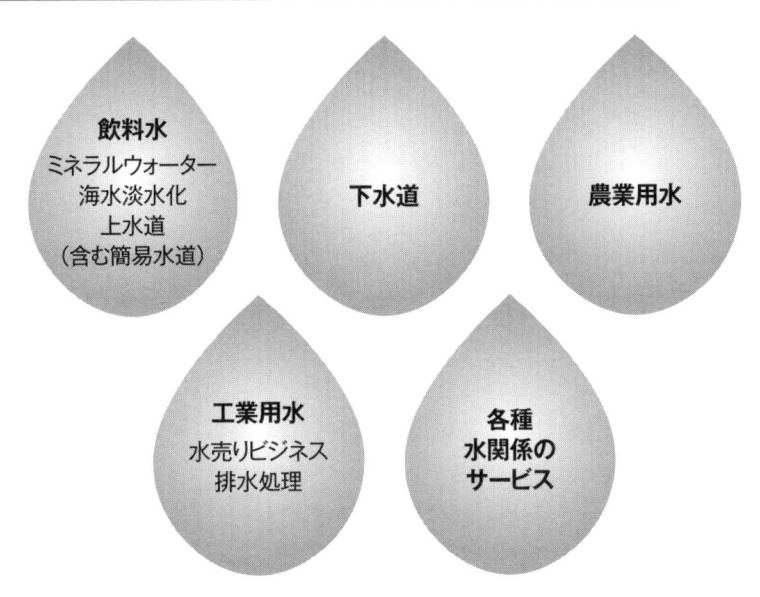

- 飲料水
  ミネラルウォーター
  海水淡水化
  上水道
  （含む簡易水道）
- 下水道
- 農業用水
- 工業用水
  水売りビジネス
  排水処理
- 各種水関係のサービス

（出所）筆者作成。

ている民営会社であり、その技術や蓄積された経験・ノウハウをもって、世界各国の水ビジネス市場を席巻している。

　いまや水は有限で貴重なものであり、ある意味、石油などと同様な「資源」ともいえよう。よってその水自体の確保が国際貢献にもつながるし、ビジネスにもつながるのだ。

　ではそのビジネスとは、いかなるものか。ここで改めて、水ビジネスについて考えてみよう。一口に水ビジネスといっても、その内容は実にさまざまだからである（図1-1）。

　一般的に、水ビジネスというと、ミネラルウォーターを想起するかもしれない。だが、それだけではない。世界の中には、淡水がほとんど存在しないという地域もある。そうした国や地域で飲料水確保のために海

水を淡水化するのも、水ビジネスの1つだろう。また、われわれが蛇口をひねれば出てくる飲料水の供給システム、いわゆる上水道も水ビジネスの1つであるし、一方でわれわれが排水した水の処理、いわゆる下水道もその1つといえる。

　また、家庭を対象としたものだけではなく、農家や企業を対象とした水の供給も考えられる。例えば、農業や工業に使われる、いわゆる農業用水や工業用水の供給も水ビジネスである。さらに、半導体を製造するのに必要な超純水という特殊な水を供給するビジネスも生まれてきている。また工業排水を浄化する機器を製造するというビジネスも存在するだろう。

　そのほか、以上のビジネスを支える施設の建設や、その建設に必要な部品の供給や運営を含めたサービスも広義の水ビジネスといえるだろう。さらに、流域・水域の環境保全・水源保全も水ビジネスであるといえよう。水ビジネスとは、このような多種多様なビジネスの総体なのである。

## 2 水ビジネスの市場規模はどうなっているのか？

　前述のとおり、水ビジネスは、その事業領域として幅広い。それだけでなく、その業態についても、調査・計画、水膜処理等の素材供給、プラント建設、エンジニアリング、施設のオペレーションとメンテナンスなど多岐にわたっている。

　平成20年度の『通商白書』（経済産業省［2008a］）では、英国オックスフォードに本拠を置き、世界の水ビジネスの市場分析を行っているグローバル・ウォーター・インテリジェンスのデータ（Global Water Intelligence［2007］）を活用し、世界全体の水ビジネスの市場規模を明

**図1-2 世界の水の市場規模の推移**

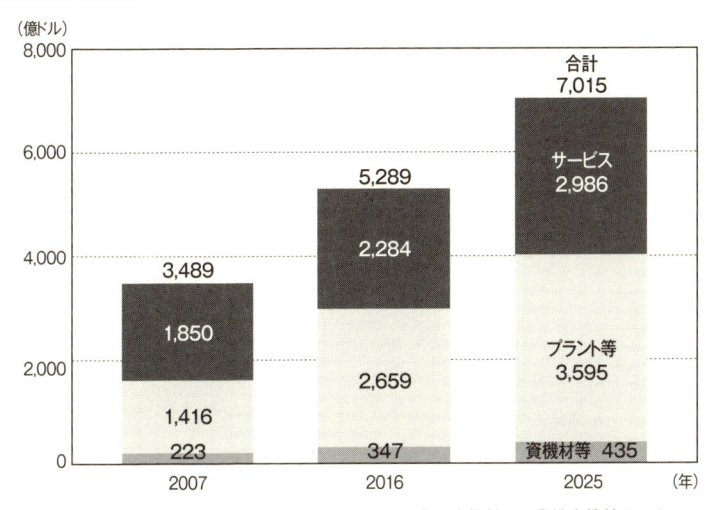

(注) 1 資機材等とは、工業用水用化学薬品、工業用水機材、工業排水機材それぞれの費用の合計値。
2 プラント等とは、上下水の設備投資費の合計値。
3 サービスとは、上下水の運営費の合計値。
4 2007年、2016年は資料に記載された値。
5 2025年は2007年から2016年の年平均成長率を使って延長し試算した値。
(出所) 経済産業省［2008a］。

示している。

　それによると、世界の水ビジネスの市場規模は、2007年時点で3489億ドル（31.4兆円、1ドル90円換算、以下同）で、2025年には7015億ドル（63.1兆円）になるとしている（図1-2）。

　2025年の内訳を見ると、サービス2986億ドル（全体の42.6％）、プラント等3595億ドル（全体の51.3％）、資機材等435億ドル（全体の6.2％）としている（サービス、プラント等、資機材等の内容については、図の注を参照）。

　一方で、日本の将来の産業競争力について幅広く議論することを使命として、産業界の有志によって設立された産業競争力懇談会が推計した

### 図1-3 世界の水ビジネスの市場規模（推計）

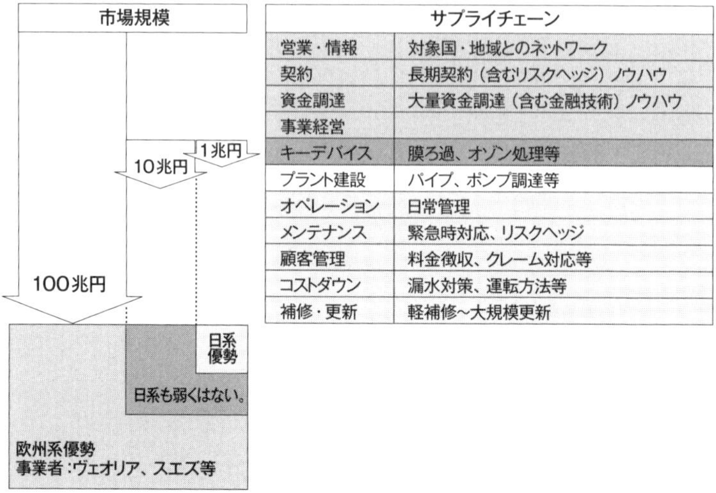

| サプライチェーン | |
|---|---|
| 営業・情報 | 対象国・地域とのネットワーク |
| 契約 | 長期契約（含むリスクヘッジ）ノウハウ |
| 資金調達 | 大量資金調達（含む金融技術）ノウハウ |
| 事業経営 | |
| キーデバイス | 膜ろ過、オゾン処理等 |
| プラント建設 | パイプ、ポンプ調達等 |
| オペレーション | 日常管理 |
| メンテナンス | 緊急時対応、リスクヘッジ |
| 顧客管理 | 料金徴収、クレーム対応等 |
| コストダウン | 漏水対策、運転方法等 |
| 補修・更新 | 軽補修〜大規模更新 |

市場規模：1兆円（キーデバイス）、10兆円（プラント建設）、100兆円（全体）

日系優勢／日系も弱くはない／欧州系優勢　事業者：ヴェオリア、スエズ等

（出所）経済産業省［2008b］。

世界の水ビジネスの市場規模は、2005年に60兆円であったものが、2025年に100兆円に達するとしている（図1-3）。その100兆円の内訳を見ると、膜ろ過、オゾン処理等のキーデバイスの分野で1兆円、プラント建設の分野で10兆円、オペレーションとメンテナンス等のサービス提供分野で89兆円となっている。

このようにデータにより異なるとはいえ、世界の水ビジネスの市場規模は、2025年には、少なくとも60兆円以上の巨大市場になるのは確実である。また、経済産業省［2008a］、産業競争力懇談会［2008］のそれぞれの水ビジネスの市場規模の内訳を見ると、キーデバイス、資機材等の素材供給分野のシェアは1割程度と相対的に少ないのは一致しているものの、サービス提供分野とプラント建設分野の比率については違いが生じている。経済産業省［2008a］では、サービス提供とプラント建

設の比率はほぼ拮抗しているものの、産業競争力懇談会［2008］では9対1となっており、大きく異なっている。

いずれのデータでも、比率の差こそあれ、われわれが今まで考えてこなかったサービス提供の分野が水ビジネスにおいて重要な役割を果たしているということができる。

ここで、日本企業の現状を見てみよう。

日本企業は、膜ろ過などの膜分野においては、世界で6割のシェアを占めており、キーデバイス、資機材等の素材供給分野では市場競争力を有している。ただし上述のように、これらの分野の市場規模は大きくない。

プラント建設ではどうだろうか。この分野では海外勢と価格競争を繰り広げており、素材供給分野と比較して、相対的に市場競争力がない。

さらに、今後の大きな成長が見込まれるサービス提供分野については、日本企業が参入した実績は必ずしも多くなく、さらに市場競争力がない。

これに対して、上水処理装置、下水・排水処理装置、海水淡水化装置等の水関連装置分野に関しては、これら装置を売るだけの、いわゆる、「モノ売り」ビジネスに終始している。すなわち、日本では、サービス提供業務は官主導で実施され、民間ビジネスとしては補完的業務にとどまっているといわれている。一方で、素材供給市場では民間主導で実施され、高いシェアを占めている。いずれにしても、ウェイトの差こそあれ、プラント建設やサービス提供といった重要な分野では、相対的に市場競争力のない日本企業が、世界のシェアを拡大するのは困難であるというのが現状である。

# 3 さまざまな個別の水ビジネスの展望は？

　水ビジネスにかぎらず、一般にサービスには、そのサービスを供給する供給主体があり、また、そのサービスを必要とする需要主体がある。水ビジネスの場合はどうなっているのだろうか。

　例えば、ミネラルウォーター。この供給者は一般企業である。日本のミネラルウォーターであれば、「南アルプスの天然水」（サントリー）、「六甲のおいしい水」（ハウス食品）などがあるし、海外企業のそれであれば、「エビアン」（ダノン社）、「クリスタルガイザー」（クリスタルガイザーウォーター社）などがある。

　これらのミネラルウォーターの価格は、銘柄によって違いはあるが、500ミリリットル当たり100円程度である。これに対し、2006年度における全国の上水道事業の平均給水原価は1立方メートル当たり178.83円であった。したがって、ミネラルウォーターの価格は、上水道の価格のおおよそ1000倍以上ということになる。

　一方、ミネラルウォーターの需要者は国民であり、その需要者の好みに応じて、品揃えが増加する傾向にある。ちなみに、図1-4を見ると、1986年当時の日本では国内生産量や輸入量がほとんどなかったミネラルウォーターが、2008年には約250万キロリットルとおよそ30倍になっている。

　次に、海水淡水化はどうか。海水淡水化の供給主体は地方公共団体のほか、民間企業も考えられる。この分野で著名な企業としては、海水を蒸発させて淡水を作り出す蒸発法が得意な日立造船、三菱重工、ササクラや、膜を用いて塩分を除去する膜法に強い野村マイクロ・サイエンス、栗田工業などがある。ただ、水道事業のように、水源が豊富ではな

**図1-4　ミネラルウォーターの生産と輸入量の推移**

(出所) 国土交通省　土地・水資源局水資源部 [2009]。

く、淡水のない海に近接した地域に建設されるという地理的な特性はある。

　海水淡水化の需要者は地方公共団体が中心であるが、民間企業の供給者の自己消費も考えられる。日本では、飲料水としては、福岡市などの水源が十分にない地域のほか、水資源の乏しい離島などの地域で活用されており、工業用としては、各地の火力発電所や原子力発電所で活用されている。また世界では中東地域や北アフリカ地域が、海水淡水化に大きく依存している。海水淡水化については、第2章で議論する。

　さらに、上水道事業はどうか。日本は従来、地方公共団体が飲料水を供給していた。したがって、供給主体は原則として地方公共団体である。だが2002年の改正水道法の施行により、初めて民間への業務委託が認められるようになり、最近では民間が供給主体になっている例も見受けられる。

例えば、最近では、メタウォーター等5社が出資した有明ウォーターマネジメントが福岡県と熊本県にある浄水場の運営・管理を行っている。一方、上水道の需要者はわれわれ国民である。上水道については、第4章で詳しく見ることにする。

　さて、日本において、過去に地方公共団体が上水道の供給責任を負ったのには理由がある。上水道の供給をマーケットメカニズムのみに頼ってしまうと、例えば、上水道の敷設に多額な経費がかかる場合、コストの見合わない過疎地域への給水を止め、人口密集地域に集中的に供給するようなビジネスが跋扈する可能性があった、というのがそれである。したがって、公共の福祉の観点から、国民に広く水の安定供給をすることを考えれば、公的機関が供給するほうが合理的であったのである。

　だが、公的機関は一般的に多くのコストをかけ、採算度外視で施設建設、運営等を行うため、非効率な運営形態となってしまう。したがって、上水道の中には、上水道料金のみではコストを賄えず、場合によっては、さらなる値上げをせざるをえないケースも見受けられるようになった。

　以上のような問題点もあり、上水道の供給を一部民間企業に委託したり、公共部門と民間部門が公共財・公共サービスの提供を協力して実施するPPP（Public Private Partnership）を活用するケースが見受けられるようになってきた。PPPの一形態であるPFI（Private Finance Initiative）で水道事業を行った例としては、朝霞浄水場・三園浄水場常用発電設備等整備事業などがある。

　なお、国として上水道を所管しているのは、厚生労働省である。給水人口が5000人以下のものを簡易水道事業といい、それを超えるものを上水道事業と呼んでいる。2006年度末の水道事業体数（厚生労働大臣の認可を受けた民間・公営の水道事業者の数）は、全国で9202であり、そのうち上水道事業体数は1572である。

次に、下水道について考えてみよう(下水道は、上水道と同じく第4章で議論する)。下水道に関しては、供給者と需要者という表現はふさわしくないのかもしれない。というのも、下水道は、下水処理場や農業集落排水施設において発生する処理水の再利用等の例外を除いて、需要者などいないのである。したがって、下水道の場合は排出者と処理者という分け方のほうが適切なのかもしれない。

下水道の排出者は一般的に、生活排水を排出する国民のほか、農業集落排水や工場排水を下水道に排水する者も含まれる。一方、処理者は、上水道と同じように、基本的には、排出者からの処理費の支払いを受け、その資金をもとに処理を行っている。ただし、支払われる処理費は一般的に実際にかかる費用に比べ過小なので、処理施設の建設費の一定割合を国が補助することにより、採算を均衡に保つシステムとなっている。ちなみに、2006年度には全国で2076の下水道処理施設から年間約143億$m^3$の処理水が発生している。下水道についても、民営化の動きがあり、一部の処理施設では民間が地方公共団体から請け負って仕事をしている。なお、国で下水道を所管しているのは国土交通省である。

次に、工業用水に関しては、供給主体はほとんどが地方公共団体である。地方公共団体が一部国の補助を受けながら、施設を作り、需要者である工場・事業所に工業用水を提供している。工場・事業所は、地方公共団体に一定の料金を支払っている。2006年度において、工業用水の淡水供給量は1日当たり約3006万6000$m^3$であり、そのうちの41%に当たる約1229万8000$m^3$/日が工業用水道から供給されている。

2008年度の工業用水の価格は、平均で23.24円である。一般的に、古く作られた工業用水道は、その価格が安い傾向にある。また、最近の工業用水の価格は高い傾向にあるが、水源をどこから取るかによって、その価格が大きく変わる。例えば、ダムを新設して、そこを水源としている工業用水の価格は非常に高い。

## 図1-5　工業用水使用量等の推移

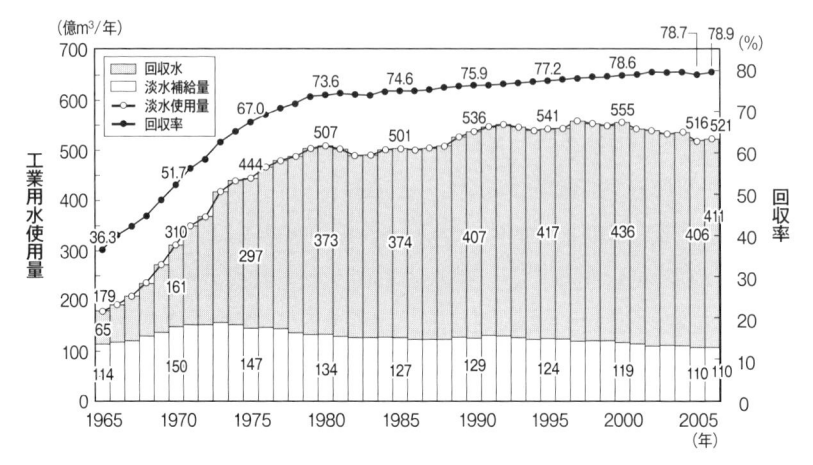

(注) 1　経済産業省「工業統計表」による従業者30人以上の事業所についての数値である。
　　 2　公益事業において使用された水量等は含まない。
　　 3　工業統計表では、日量で公表されているため、日量に365を乗じたものを年量とした。
(出所) 国土交通省　土地・水資源局水資源部 [2009]。

　工業用水の淡水使用量は、1980年頃までは高度経済成長に伴い着実に増加したが、それ以降は微増または横ばい傾向で推移している（図1-5）。2006年現在では、前年比約0.8％減の約521億$m^3$/年となっている。また、工業用水の回収率は、水の有効利用と排水規制に対応する必要から向上しており、2006年には78.9％となっている。

　従来、工場・事業場等は、上記のように上水道や工業用水を活用して、自社で使用する水を確保してきたが、産業の高度化とともに、「超純水」のような高度な水を必要とする企業が増えてきた。特に、半導体、液晶を製造するパナソニックやシャープなどの会社では、そのような高度な水が必要であった。

　当初は、自社の中で内製化していたが、その使用量が増えるに従って、そのための技術の確保、要員の確保等、本業と関係のない部分での

負担が多くなってきた。一方、このような高度の水を供給する装置を販売してきた栗田工業やオルガノのような会社が、それに飽き足らず、契約で決められた水質及び水量を供給するビジネス、第5章で議論する、いわゆる「水売りビジネス」をはじめるようになってきた。このようなビジネスも、工業用水の一環として考えることもできる。この場合、供給者も需要者も企業であり、その価格は真にマーケットメカニズムによって決められることになる。

一方、第6章で議論するように、工場・事業場等から排出する水に関しては、1970年に施行された水質汚濁防止法等によって、一定の水質を確保したうえで排出しなければならない[1]。そのための各種施設を製造・販売するビジネスも水ビジネスの1つということができる。

基本的には、排水処理は、排水を出す会社が行うことが多い。排水を出す会社にしてみれば、排水処理装置やそれに伴う技術・人員の確保は、能力増強投資ではなく、非収益投資のため、積極的に投資を行うインセンティブが少ないという事実がある。この場合、需要者は工場・事業場等であり、供給者は排水処理装置を製作・販売している会社ということができる。この分野の代表的企業としては、荏原製作所、日立プラントテクノロジー、住友重機械工業などがある。

さらに、各種水関係のサービスを行うビジネスも存在する。上水道であっても下水道であっても排水処理施設であっても、それを建設する建設会社やエンジニアリング会社が必要不可欠である。また、そのための装置や装置の中の部品を製作する会社も必要だ。さらに、日本ではまだ緒についたばかりであるが、上水道や下水道を実際運営・管理するビジネス、いわゆるオペレーションとメンテナンスも水ビジネスであるといえよう。これは、前述の図1-3で、市場性が大きいとされたビジネスである。このビジネスでは、例えば、荏原製作所と日本上下水道設計、栗本鐵工所などが組み、ジェイ・チームを結成しているほか、三菱商事と

日本ヘルス工業が組み、ジャパンウォーターを設立している。

# 4 日本企業の強みは何か？

　一般的に水の需要は人口増加、経済成長などにより増加する傾向にある。一方で供給可能な水の量は限られているため、近い将来には水の需給のミスマッチが生じ、地球の水循環サイクルが円滑に進まなくなる可能性が高い。すなわち、経済成長に伴う所得向上が、食生活の変化やサービス消費の増大を通じて水需要の拡大を加速させているのである。経済成長は水洗トイレや洗濯機の普及を促進し、その結果、生活排水の需要を増加させる。

　以上のことから、国内総生産（GDP）と水需要の関係を見ると、右肩上がりの関係が成り立つ（図1-6）。ただし、日本は、節水技術を活用した効率的な水管理システムを構築することにより、節水を行いながら持続的な経済発展を維持してきた。その結果、日本はGDPが他国と比較して大きいにもかかわらず、水需要が少なくなっている。このような省水化技術は日本の強みの1つということができるだろう。

　日本企業が強みを持っている分野の1つに、膜ビジネスがある。

　第3章でも議論するが、ろ過膜は、水を通し、水以外の不純物を透過しない性質を持つ膜であり、孔の大きさの大小によって不純物の除去具合が違ってくる。その中で、イオンなどの阻止率がいちばん高い膜をRO膜（逆浸透膜、Reverse Osmosis Membrane）といい、海水淡水化の1つのパーツとして使われている。海水をRO膜に通すことにより淡水を得ることを可能にしているのである。

　また、ろ過膜は、海水淡水化以外に、下水道処理でも不純物を除去するのに使用されているほか、水から不純物を除去する手法としてさまざ

### 図1-6　GDPと水需要の関係

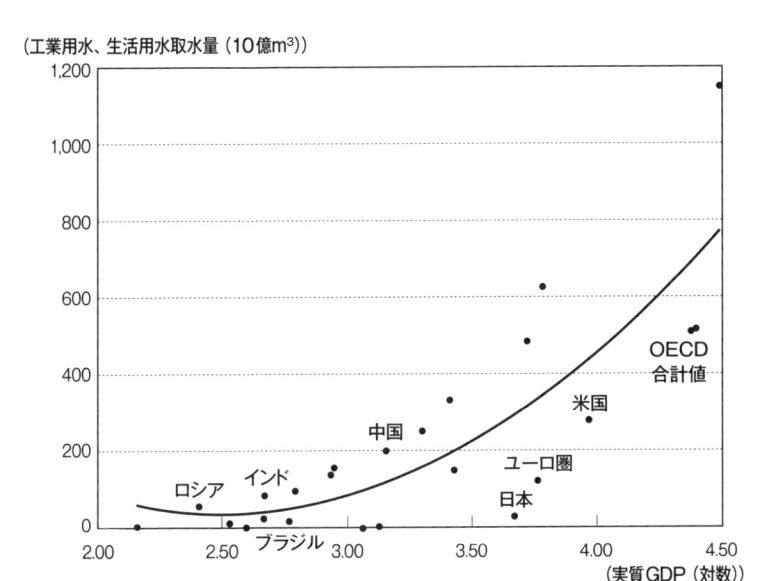

（工業用水、生活用水取水量（10億m³））

縦軸: 0〜1,200
横軸: 2.00〜4.50（実質GDP（対数））

プロット点のラベル: ロシア、インド、ブラジル、中国、日本、ユーロ圏、米国、OECD合計値

（出所）経済産業省［2008a］。

まな局面で活用されている。

　このろ過膜のシェアを見ると、日本企業が世界全体の約6割を占めている（図1-7）。特に、海水淡水化用のRO膜に限ってみると、世界全体の約7割を占めるに至っている。水処理で多方面に使用されているろ過膜について、日本企業が相当の競争力を有していることがわかる。

　さらに、第4章でも議論するが、日本の上水道は、耐震・漏水防止技術等の高度な技術を用い、効率的な水資源管理を行っている。世界主要都市別の水道の漏水率をみると、東京の漏水率は3.6％であり、他国の大都市と比較して、群を抜いて低い（表1-1）。漏水率は、漏水量を配水量で割って100をかけた数値であり、このパーセンテージが少なければ少ないほど、水を効率的に使用していることになる。この技術は、日

### 図1-7　日本の膜メーカーのシェア

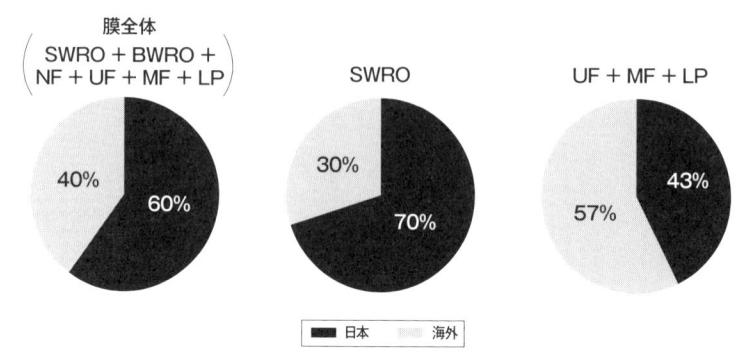

膜全体
$$\begin{pmatrix} SWRO + BWRO + \\ NF + UF + MF + LP \end{pmatrix}$$
40％　60％

SWRO
30％　70％

UF + MF + LP
43％　57％

■ 日本　　□ 海外

（注）SWRO：Sea Water Reverse Osmosis Membrane：海水淡水化用RO膜
　　　BWRO：Brackish Reverse Osmosis Membrane：かん水淡水化用RO膜
　　　NF：Nanofiltlation Membrane：ナノろ過膜
　　　UF：Ultrafiltlation Membrane：限外ろ過膜
　　　MF：Microfiltlation Membrane：精密ろ過膜
　　　LP：Large Pore Membrane：大孔経ろ過膜
（出所）産業競争力懇談会［2008］。

### 表1-1　世界主要都市別の水道の漏水率

|  | 漏水率（％） |
|---|---|
| 東京 | 3.6 |
| ロサンゼルス | 9 |
| ロンドン | 26.5 |
| カイロ | 20 |
| バンコク | 33 |

（出所）東岡［2008］より抜粋。

本では地方公共団体が有している技術であるが、今後そのノウハウは、日本の強みとして活用できるものと思われる。

# 5　日本企業の課題は何か？

### （1）戦略性の欠如

次に、日本企業の今後の課題について述べよう。

まず、企業戦略において、日本企業と海外企業の間では大きな違いがある。詳しくは第8章で議論するが、例えば、海外水メジャーは「世界の水問題に関する議論をリードし、民営化こそが問題を解決する主要な手段であるとの考え方に『お墨付き』を得るために、国際連合や世界銀行と手を組んできた」との指摘がある（『週刊ダイヤモンド』2007年7月21日号）。

具体的には、「1990年代初めには、世界銀行や国際通貨基金（IMF）、およびアジア開発銀行（ADB）やアフリカ開発銀行、米州銀行などの地域開発銀行が、貧困国においてヨーロッパの巨大水道企業が水道事業を営利目的で運営することを奨励するようになった。公営でいくのか、民営化するのか、という水道に関する国家の選択肢は徐々に失われ、2006年には水セクターに対する融資の大半が民営化を条件にするようになっていた」（Barlow［2007］）との指摘である。

すなわち、世界銀行等国際機関の融資の際には、民営化企業の参加を前提としていたが、その背後には海外水メジャーの戦略があったというものである。言い換えれば、民営化企業の参加を世界銀行等の融資条件とすることにより、今まで公営で行っていた水道事業に民間企業の参入が可能になる。そこで世界を広く見回してみると、そのような事業を受託可能な民間企業は海外水メジャーしかなかったのである。

また、次のような事例もある。外資が中国の水ビジネスに参入するに当たり、海外水メジャーは、「一定の投資回収率（決められた買い取り

価格での一定の水量買取り）を中国側に保証させ」、「外資は経営リスクを完全排除できるが、中国側には重い支払い義務が残される」（内藤［2007］）という契約条件で水道事業を請け負っているとのことである。

　水道民営化は適切であったか、また、海外水メジャーの行為は適切であったかとの判断には議論があるものの、このように海外水メジャーは世界銀行等の国際機関を巧みに活用した企業戦略を立ててきたというのは確実であろう。

　また、前述のとおり、日本が強みとする技術はいくつもあるものの、それは個々の要素技術にとどまっており、プロジェクト全体をトータル・コーディネートするような戦略展開がなされていない。

　例えば、地方公共団体は各地方公共団体が個別に海外との技術協力を進めているほか、国内で上水道を所管する厚生労働省が上水道の海外展開を考え、国内で下水道を所管する国土交通省が下水道の海外展開を考えている、といった具合である。まさに縦割り行政といっていい。また、日本企業も国内の縦割り行政に応じて、それぞれの分野で事業を実施することに慣れており、ニーズに応じてプロジェクト全体を構築するような形態となっていないのである。

　一方、海外水メジャーは、上水道、下水道、工業用水道と分け隔てることなく、進出国のニーズに合わせた展開を臨機応変に行っている。このため、結果的に、部分的な技術は強い日本でも、トータル・コーディネートできる海外水メジャーに劣後しているというのが現状である。

### （2）包括的民間委託の実績不足

　国内の上水道事業に関しては、2002年の改正水道法の施行によって包括的民間委託が可能となった。だが日本企業は十分な経験を積んでいないため、海外の水道事業への参入は難しいのではないかとの指摘もある。

確かに料金徴収のような面では経験がないし、包括的民間委託という面でも経験はないが、部分的には、従来から官公需の業務委託を受けていた。したがって、それらを総合的・包括的に組み合わせれば、現在の日本企業でも十分対応可能であると思われる。

　例えば、三菱商事が主体となっているマニラウォーターは、フィリピン、マニラで水道事業を営んでいるが、進出時には十分な運営・メンテナンス技術を持っていなかったにもかかわらず、地元企業とコンソーシアムを組み、地元の雇用者を活用して、堅実な運営を行い、成功を収めている。

　以上のことから、日本の地方公共団体の有しているオペレーションとメンテナンスなどの技術的なノウハウの蓄積は、世界の市場に参入するには、十分なセールスポイントにはなりえないと思われる。世界市場で求められているのは、長期契約手法、資金調達、事業コスト削減手法、リスクヘッジ等の事業運営に関するノウハウの蓄積だからである。海外水メジャーは、これらノウハウを集め、世界市場を席巻していったのである。日本の水ビジネス企業は、まずは実績を積んで、これらノウハウをできる限り早期に獲得する必要があると考える。

　さらに、海外の水道事業に参入するためには、原則として、国際競争入札のプロセスを経なければならない。その際には入札参加資格が必要である。その資格は発注者が定めるが、一般的には、同種業務の実績を求めるものが多い。日本企業は包括業務委託を受注したことが少ないため、そのハードルが高いものとなる。

　そこで日本企業の中には、実績がないので入札参加資格が得られないと不平をもらすところもある。だが本当にそうなのだろうか。問題なのは、「入札からが競争である」と日本企業が認識しているところにあるのではないかと思われる。欧米の企業は、発注国が事業のマスタープランを策定する段階から、コンサルタントとして参加して、入札条件にも

積極的に関与しているのではないだろうか。日本企業も、入札前から競争が始まっているという認識をもって、発注国の事業のマスタープラン策定の段階からの積極的な参加が望まれる。

ここまで、主に純粋なビジネスベースの水道事業の話をしてきた。だが水の供給は、それだけではすまない面もある。資金力がある国はそのようにビジネスベースで対応すればいいが、資金力がなく、かつ、水資源の乏しい国に対しては何らかの形での支援が必要である。

例えば、このような国に対する支援策の主たるものとして、ODA（政府開発援助）がある（表1-2）。水と衛生分野における日本のODAの実績を見ると、日本企業の貢献度は大きいものの、一過性の施設建設業務が主体で、その後に必要となる施設のオペレーションとメンテナンスでは海外水メジャーや地元企業が受託するという例が多い。

つまりここでも、ビジネスベースの水事業と同じように、日本は機器提供のみとなっているのだ。オペレーションとメンテナンスは、別発注で主に日本以外の海外企業が受注しているため、せっかく行った日本の支援が、支援を受けた地元から見れば海外企業が行ったという錯覚に陥ってしまっている例もある。また同時に、海外援助を通じたオペレーションとメンテナンスの機会を喪失してしまうこととなる。

ただし、このような日本のODAの実績は、世界の民間分野の水と衛生分野の投資額の数％以下であり、水市場全体の中ではあまりインパクトがない規模である。

### （3）相対的な高コスト構造

従来、日本の水道事業は公営事業として行ってきたが、前述のとおり、2002年に改正水道法の施行により包括的民間委託が導入され、民間企業も包括的な水道事業に携わることができるようになった。しかしながら、水道事業のほとんどは依然として地方公共団体が中心となって

### 表1-2　水と衛生分野における日本のODAの実績

(単位：億円)

| 年度 | 無償資金協力 | 円借款 | 技術協力 JICA分 | 技術協力 各省分 | 国際機関向け拠出 | 合計 |
|---|---|---|---|---|---|---|
| 2003 | 187.67<br>(22.7) | 1,956.52<br>(35.1) | 11.56<br>(0.8) | －（－） | －（－） | 2,155.75<br>(27.6) |
| 2004 | 200.62<br>(24.3) | 2,040.48<br>(31.2) | 10.10<br>(0.7) | －（－） | －（－） | 2,251.20<br>(25.5) |
| 2005 | 235.16<br>(29.2) | 1,783.37<br>(31.5) | 12.40<br>(0.8) | －（－） | －（－） | 2,030.93<br>(27.6) |
| 2006 | 216.04<br>(12.1) | 3,385.17<br>(40.1) | 8.95<br>(0.1) | －（－） | －（－） | 3,610.16<br>(30.8) |
| 2007 | 245.56<br>(6.9) | 2,542.61<br>(26.9) | 7.82<br>(0.3) | 6.74 | 32.58<br>(3.7) | 2,835.32<br>(20.7) |

(注) 1　無償資金協力、円借款は交換公文ベース。技術協力は、研修員受入、専門家派遣および機材供与を対象。JICA経費実績ベース。
　　 2　合計欄以外の（　）内は、各援助形態ごとの政府開発援助合計に占める割合（％）。
　　 3　合計欄の（　）内は、上記各形態ごとを積算した政府開発援助全体に占める割合（％）。
　　 4　無償資金協力については、2003から2006年度分は一般プロジェクト無償実績、2007年度分については、プロジェクト型無償資金協力（一般プロジェクト無償、コミュニティ開発支援無償、テロ支援等治安無償、防災・災害支援無償、水産無償、研究支援無償）の実績を計上。
(出所) 外務省［2009］。

行っているケースが見受けられる。

　その水道事業は、海外との整合性を考えずにガラパゴス化した「日本仕様」の発注を行い、それに対して各企業は共存共栄の名の下に、閉じた協調と競争を行ってきた。その結果、必ずしも市場メカニズムに則った価格競争になっておらず、余分な設備投入を行い、結果として高コスト体質になっていった。これが日本の実情である。

　最近になって、海外市場も注目され、あわせて国内市場も海外企業に開放されはじめている。よって今後は、従来の慣習にとらわれない国内市場の構築と、国際競争力を有した企業の出現が期待される。すなわち、日本企業の水ビジネスの海外展開には、海外のニーズを十分把握したうえで、そのニーズにあったモジュールを組み合わせて、価格競争力

のある包括的なビジネス・モデルを構築することが期待される。

# 6　本書の概要

　以上、世界の水ビジネスの現状を包括的に紹介したうえで、日本の水ビジネスの強みや課題を抽出して議論してきた。
　次章以降は大きく4つの部に分け、第1部では日本の水ビジネス、第2部では海外の水ビジネス、第3部では日本の水ビジネスの今後、第4部では水関係の資料について言及する。
　第1部の「日本の水ビジネス」では、国内でもその能力がある程度実証されており、海外に展開する萌芽がある個別の水ビジネスを紹介する。具体的には、海水淡水化ビジネス（第2章）、膜ビジネス（第3章）、上水道、下水道ビジネス（第4章）、水売りビジネス（第5章）、工場排水浄化ビジネス（第6章）である。
　第2部の「海外の水ビジネス」では、まず、政府が中心となって水ビジネスを振興しているシンガポール、スペイン、韓国の国家戦略（第7章）を取り上げる。次に第8章「ウォーターバロンの戦略」では、ヴェオリア、スエズ等の海外水メジャーの動向を紹介する。これらの企業は世界各国に包括的なサービスを提供することで大きな利益をあげており、世界での影響力も増している。水ビジネスの今後を考えるうえで、ウォーターバロンの動向は極めて重要である。
　第3部の「日本の水ビジネスの今後」では、第9章で、日本の水ビジネスの振興のために日本政府は何をすべきかを論じ、第10章では、日本の水ビジネスの振興のため水ビジネス企業は何をすべきかを論ずる。
　最後の第4部は「資料編」と称し、水ビジネス関係の参考資料を紹介する。

【注】
（1）水質汚濁防止法は、1958年に施行された「公共用水域の水質の保全に関する法律」（水質保全法）と「工場排水等の規制に関する法律」（工場排水規正法）を統合したものである。詳しくは、中村［2007］を参照のこと。

第 **1** 部

# 日本の水ビジネス

# 第2章
# 海水淡水化ビジネス

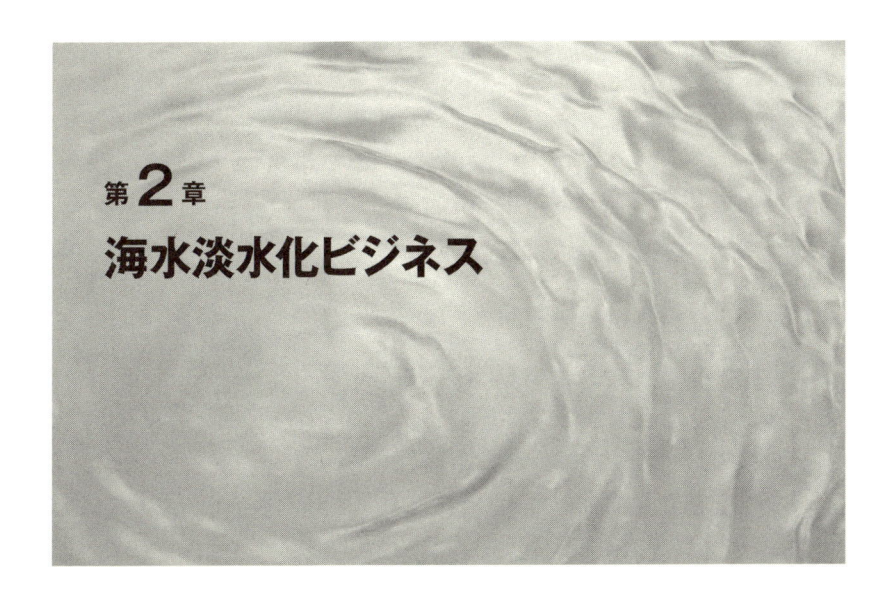

◎本章の内容

　昨今の顕著な水源汚染により水源を十分確保できないケースやそもそも優良な水源が確保できないケースなど、海水淡水化にその活路を見い出さざるをえない局面が増えてきた。前者の代表例の中国では、沿海部における大規模な計画を議論しはじめている。後者の代表例としては、中東・北アフリカ地域が挙げられる。

　海水の淡水化には、蒸発法と膜法の2つのやり方がある。蒸発法を用いた海水淡水化施設は多大なエネルギーが必要なため、特に、中東地域では、豊富な石油を活用した火力発電所に併設して海水淡水化施設を建設してきた。この分野では、日本の企業はその競争力を有しており、商社等が中心となって多くのプロジェクトを受注している。

　一方、最近では、蒸発法と比較してエネルギー消費量の少ない膜法を用いた海水淡水化施設が注目を浴びており、実際、その受注量を増やし

ている。今後、海水淡水化ビジネスはどうなるのであろうか。本章では、その問いに答えることを目的としている。

# 1 海水淡水化とは何か

　海水淡水化は、いうまでもなく、海水を処理して淡水を作り出すことである。海水には約3.5％程度の塩分が含まれているため、その海水から脱塩処理を行い、塩分濃度を少なくとも0.05％以下まで下げなければならない。

　一般的に淡水化というと海水淡水化を指す場合が多いが、それだけではない。淡水化される水の65％が海水であり、海水によるところが大きいものの、それ以外にも、淡水と海水の中間の濃度のかん水が15％、河川水が8％、排水が7％となっている[1]。

　淡水化には、海水を蒸発させて塩分を分離する蒸発法（Distillation Process）と、逆浸透膜等の膜を用いて塩分を除去する膜法（Membrane Process）の2つがある。

　蒸発法は相対的に古くから普及しているが、蒸発させるために膨大なエネルギーが必要となるため、中東地域では、火力発電所を併設した海水淡水化施設が数多く立地している。このような施設は、一般的に、IWPP（Independent Water and Power Producer: 独立系造水発電業者）といわれている。日本企業は、発電所プラントの建設に比較優位があるため、中東地域を中心に商社や電力会社が主体となったグループが、発電所プラントと海水淡水化施設とを一体化した施設を受注している（例えばUAEのウル・アル・ナール発電・海水淡水化プロジェクト〈東京電力、三井物産等からなるコンソーシアム〉、サウジアラビアのラービグ造水プロジェクト〈丸紅、日揮、伊藤忠商事等からなるコンソーシアム〉

**図2-1 淡水化方式の分類**

```
淡水化方式 ─┬─ 蒸発法 ─┬─ 多段フラッシュ法
           │         └─ 多重効用法
           └─ 膜法 ─┬─ 逆浸透法
                    └─ 電気透析法
```

など)。

　一方、膜法は蒸発法と比較して新しい方法であり、最近、中東、北アフリカ地域等で受注を増やしてきている。

### (1) 蒸発法

　まず、蒸発法について考えてみよう。蒸発法は、主に、①多段フラッシュ法、②多重効用法がある。多段フラッシュ法（Multi Stage Flash Distillation）は、海水を熱して蒸発（フラッシュ）させ、再び冷やして真水にする、つまり海水を蒸留して淡水を作る方法である。その際に、熱効率をよくするため、減圧して蒸留している。大量の淡水を作り出すことを可能とするが、一方で、熱効率が悪く、大量のエネルギーを投入する必要がある。

　この方式は、エネルギー資源の余裕のある中東の産油国で多く採用されているが、前述のとおり、低温蒸気を大量に使用するため、それに必要なエネルギーを得ることを目的に、火力発電所に併設される場合が多い。日本では、ササクラ、三菱重工、IHI、日立造船等のメーカーがプラントを輸出している。大容量向けに適しており、最近は特に超大型化

### 表2-1　世界の淡水化プラント（蒸発法）納入実績上位企業

| | プラント・サプライヤー | 国 |
|---|---|---|
| 1 | 斗山重工業（Doosan） | 韓国 |
| 2 | フィシア・イタリンピアッティ（Fisia Italimpianti） | イタリア |
| 3 | ヴェオリア・ウォーター・ソリューション＆テクノロジー・シデム（VWS Sidem） | フランス |
| 4 | 日立造船 | 日本 |
| 5 | 三菱重工業／ササクラ | 日本 |
| 6 | ヴェオリア・ウォーター・ソリューション＆テクノロジー・ウエストガーシュ（VWA Westgarth） | フランス／オーストラリア |
| 7 | スエズ／サウジアラビア湾投資会社／アクアパワー（Suez/GIC/ACWA Power） | フランス／サウジアラビア |
| 8 | エンバイロジェニックス（Environgenics） | アメリカ |
| 9 | ササクラ | 日本 |
| 10 | IHI | 日本 |

（出所）"2007 Worldwide Desalting Plants Inventory Report," No.20などをもとに作成。

傾向にある。

　一方、多重効用法（Multi Effect Distillation）は、蒸発室を多数並べて、最初の蒸発室で海水を加熱し、そこで蒸発した蒸気を次の蒸発室の加熱蒸気として使用し、これを順次繰り返して蒸発させて淡水を作る方法である。この方法は海水淡水化の中でも歴史が古いといわれている。ただし、中東地域での実績は少なく、多くは欧州やアジアのプラントで採用されている。多重効用法を用いた代表的なプラントしては、カタールのメサイッド工業地区発電・造水プロジェクト（丸紅等からなるコンソーシアム）がある。また、当初は中小容量向けに適しているといわれていたが、近年大型化されつつある。

　多段フラッシュ法、多重効用法等を含めたすべての蒸発法による世界の淡水化プラント（蒸発法）のマーケットシェアを上から順に見ると（表2-1）、2007年時点で、韓国の斗山重工業（Doosan）、イタリアのフィ

シア・イタリンピアッティ（Fisia Italimpianti）、フランスのヴェオリア・ウォーター・ソリューション＆テクノロジー・シデム（VWS Sidem）、日本の日立造船の順であった。

　以上、主な蒸発法である①多段フラッシュ法と②多重効用法について、その概要を説明した。なお、最近、蒸発法の中では、多段フラッシュ法の受注件数が増加傾向にある。

### （2）膜法

　次に、膜法について考える。膜法は、①逆浸透法（Reverse Osmosis Process）と②電気透析法（Electrodialysis Process）がある。逆浸透法は、海水に圧力をかけてRO膜（逆浸透膜、Reverse Osmosis Membrane）と呼ばれるろ過膜の一種に通し、海水の塩分を濃縮して捨て、淡水を漉し出す方式である。

　蒸発法よりエネルギー効率に優れている反面、RO膜が海水中の微生物や析出物で目詰まりをしないように入念に前処理する必要があること、整備にコストがかかることなどの問題点がある。一方で、プラントがコンパクトで操作が容易であり、常温運転で装置の腐食が少ないことに加え、電力消費量が少ない省エネ型ということもできる。なお、海水淡水化施設としては比較的歴史が浅く、もともと中小容量向けに適しているといわれていたが、最近は大型化している。この方式を採用していることで著名なプラントとしては、サウジアラビアのシュケイク造水プロジェクト（三菱商事等からなるコンソーシアム）がある。

　一方、電気透析法は、特殊な膜（溶解した成分の荷電で選択的に透過させるか阻止するかの2種の電気透析膜）を交互に並べて、海水を入れたそれら部屋の両側に電位を与えて、希薄部と濃縮部に分類されることを利用し、希薄部から真水を取り出す方式である。

　2007年時点の逆浸透法、電気透析法を含めたすべての膜法の世界の

**表2-2　世界の淡水化プラント（膜法）納入実績上位企業**

| | プラント・サプライヤー | 国 |
|---|---|---|
| 1 | GEアイオニクス（GE Ionics） | アメリカ |
| 2 | デグレモン（Degremont） | フランス |
| 3 | バイウォーター　AEWT<br>(Biwater Advanced Environmental Water Tecnologies) | イギリス |
| 4 | 野村マイクロ・サイエンス | 日本 |
| 5 | 栗田工業 | 日本 |
| 6 | シーメンス・ウォーター・テクノロジー<br>(Siemens Water Technologies) | ドイツ |
| 7 | ヴェオリア・ウォーター・ソリューション＆テクノロジー・メチート・アラビア・インダストリーズ（VWS Metito Arabia Industries） | フランス／サウジアラビア |
| 8 | ハイドロノーティクス（Hydranautics） | アメリカ |
| 9 | カダグア（Cadagua） | スペイン |
| 10 | ― | |

（出所）"2007 Worldwide Desalting Plants Inventory Report," No.20などをもとに作成。

　淡水化プラントのマーケットシェアを見ると（表2-2）、アメリカのGEアイオニクス（GE Ionics）、フランスのデグレモン（スエズ）（Degremont）、イギリスのバイウォーターAEWT（Biwater AEWT）であり、その次に、日本の野村マイクロ・サイエンス、栗田工業が続いている。

　蒸発法、膜法を加算した2007年の淡水化プラント全体の受注実績は（表2-3）、韓国の斗山重工業（Doosan）、イタリアのフィシア・イタリンピアッティ、アメリカのGEアイオニクスで、日本企業のランクインは、第6位の日立造船、第7位の三菱重工とササクラの共同事業体、第10位の野村マイクロ・サイエンスである。

**表2-3 世界の淡水化プラント納入実績上位企業**

| | プラント・サプライヤー | 国 |
|---|---|---|
| 1 | 斗山重工業（Doosan） | 韓国 |
| 2 | フィシア・イタリンピアッティ（Fisia Italimpianti） | イタリア |
| 3 | GE アイオニクス（GE Ionics） | アメリカ |
| 4 | ヴェオリア・ウォーター・ソリューション&テクノロジー・シデム（VWS Sidem） | フランス |
| 5 | ヴェオリア・ウォーター・ソリューション&テクノロジー・ウエストガーシュ（VWS Westgarth） | フランス/オーストラリア |
| 6 | 日立造船 | 日本 |
| 7 | 三菱重工/ササクラ | 日本 |
| 8 | デグレモン（Degremont） | フランス |
| 9 | バイウォーター　AEWT（Biwater Advanced Environmental Water Tecnologies） | イギリス |
| 10 | 野村マイクロ・サイエンス | 日本 |

（出所）"2007 Worldwide Desalting Plants Inventory Report," No.20などをもとに作成。

## 2 淡水化施設の現状とその具体例を探る

### （1）国内外の淡水化施設の現状はどのようになっているか[2]

　日本の淡水化施設は、2009年3月時点で21万7282m³/日の造水能力を持っている。工業用では主に発電所のボイラーの冷却水等として活用されている例が多い。一方、水道用水の水源とされる淡水化施設は、離島の水源として活用される例が多く、一日当たりの施設能力が数十～数百m³といった小規模のものが多い。他方、4万m³/日（沖縄県）、5万m³/日（福岡県）の造水能力を有する大規模なものもある。

　なお、最初に淡水化施設を導入したのは長崎県の松島炭鉱池島鉱業所

### 図2-2　世界の淡水化施設の累積容量

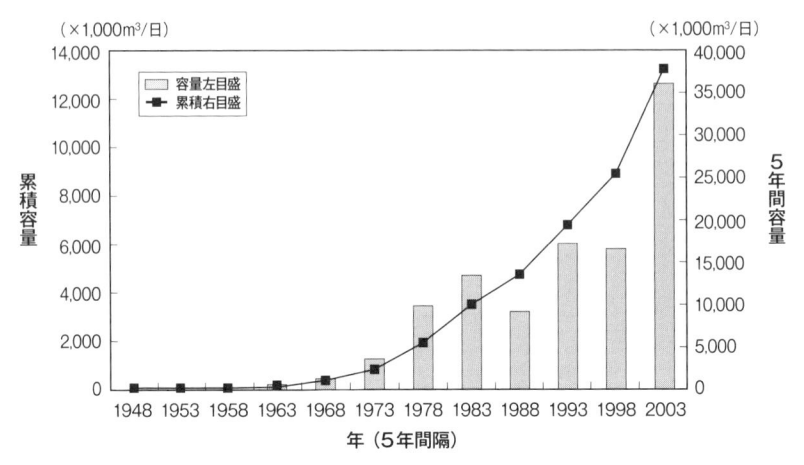

(出所)（社）日本原子力産業協会　海水の淡水化に関する検討会［2006］。

であり、1967年に造水能力2650m³/日の多段フラッシュ法のプラントを設置した。これは、その前年に日本メーカーが海外向けとして初めて、サウジアラビアに納入した海水淡水化と同型のものである。

　一方、海外では、中東、北アフリカ地域等の水が稀少な地域を中心に淡水化の大規模プラントが建設されている。以前は蒸発法を用いた淡水化施設が中心に建設されていたが、最近では、膜法を用いた淡水化施設が徐々に建設されるようになってきている。日本の商社も受注をしているが、ヴェオリアやスエズなどの海外水メジャーも徐々に海水淡水化施設を受注するようになっている。

　一方、世界の淡水化プラントの累積容量を見ると右肩上がりに上昇している（図2-2）。2003年には4000万m³/日に迫っており、現在では4000万m³/日を超えている。また、このグラフの傾きを見ると、年を経るに従って急になっている。これは容量の伸びが年を経るにつれて上

**図2-3 まみずピアの全体のシステムフロー**

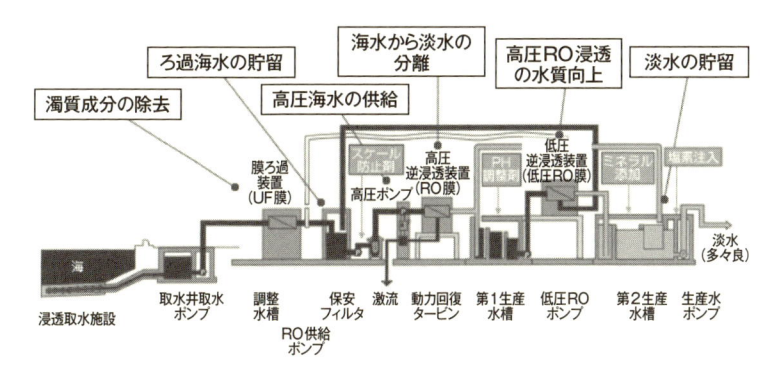

（出所）福岡地区水道企業団〈http://www.f-suiki.or.jp/seawater/facilities/mechanism.php〉。

昇してきていること、すなわち、近年多くの淡水化プラントが建設されてきていることを示している。

次に、2001年から2005年の世界の淡水化施設の方式別設置状況を見ると、膜法が57％、蒸発法が43％となっている。膜法では、逆浸透法が50％、ナノ膜法が5％のほか、電気透析法等が2％を占め、蒸発法では、多段フラッシュ法が21％、多重効用法が22％となっている。

以前は、蒸発法の比率が高かったが、最近では、膜法の比率、特に、逆浸透法の比率が急速に拡大している[3]。

次に、国内の最大の海水淡水化施設である福岡市の「まみずピア」を紹介する。

## (2) まみずピア[4]

福岡都市圏は従来から水資源の確保が難しく、幾度となく渇水に襲われてきた。したがって、新たな水資源の開発が急務であったため、その水源を海に求めた海水淡水化施設である「海水淡水化センター（まみず

### 図2-4　高圧逆浸透膜の設備

(出所) 福岡地区水道企業団〈http://www.f-suiki.or.jp/seawater/facilities/photo.php〉。

ピア)」を建設した。

　この海水淡水化センターは、海水を取り入れる海底の取水施設と、取り込んだ海水を真水にする地上部の淡水化プラント施設とで構成されている。システムフローは次のようなものである（図2-3）。

　まず最初の段階となる取水施設に浸透取水方式を採用し、海底に埋設した取水管から海水を取り入れる。ここでは従来型の直接取水方式ではなく、海底の砂に取水管を埋設し、埋設した砂の層を活用して海水をろ過する効果を狙っている。すなわち、海の砂の層がフィルターの役割を果たして、ゴミや不純物を取り除くのである。次に、3060本のUF膜ろ過装置などを通って淡水化プラントへ運ばれる。このUF膜ろ過装置はいわゆる前処理施設であり、水の濁りや大腸菌などの細菌類を取り除くことを主な役目としている。

　次に、本施設の心臓部である逆浸透システムに海水が送られ、RO膜によって海水を淡水化している。この逆浸透システムでは、2000本の高圧逆浸透膜（図2-4）と1000本の低圧逆浸透膜を併せて使用し、良質な水を安定的に供給できるようにしている。高圧逆浸透膜は、膜である中空糸の外側に最大8.24Mpa（水中840mの深さと同等の圧力）の圧

力を海水にかけると、コロイド物質、バクテリア、細菌などをほぼ100％除去し、塩分においても99％除去することが可能である。

一方、低圧逆浸透膜は、塩分除去ではなくホウ素除去に用いられている。すなわち、これは海水温度が9～30度と夏場と冬場での変動範囲が広く、高圧逆浸透膜の透過水の水質にバラツキがでてしまうため、年間を通じて水質が均一になるように、高圧逆浸透膜の透過水の一部をこの低圧逆浸透膜に通し、生産水槽で混合して水質の調整をしているのである。こうして淡水化される水は日量最大5万$m^3$である。

なお、本施設の能力では、100の海水から約60の淡水を作ることができるので、5万$m^3$の淡水を生産する際には、約8.3万$m^3$の海水が必要との計算になる。淡水化した生産水は浄水場の上水とブレンドした後、福岡都市圏の配水池へ送られている。一方、当施設から出る濃縮海水は、水処理センターの放流水と混ぜ合わされ、濃度を薄められて海へ放流されている。

次に、海外の海水淡水化施設の現状について、特に中東地域を中心に論ずる。

### (3) 海外の淡水化施設の現状

世界の海外淡水化施設の中で特に大型のものを抽出したのが、表2-4である。

この中で、日本企業が中心となって受注したUAEのタウィーラ発電・造水プロジェクトを紹介する。このプロジェクトは、丸紅、日揮、ビーティーユー社（BTU社、米国）及びパワーテック社（マレーシア）と連合で落札したものであり、アブダビのタウィーラ地区（アブダビ北東約80km）において、既設100万kW火力発電設備と45万$m^3$/日の造水設備の権益取得と、新規100万kW複合火力発電設備と30万$m^3$/日の造水設備を新設するプロジェクトである。事業形態は、20年間のIWPP方

### 表2-4　世界の主な海水淡水化施設

| 地域・国 | 立地点 | 淡水化方式 | 規模 (m³/日) / (MWe) | 契約方式 |
|---|---|---|---|---|
| オマーン | Sohar |  | 136,300/500 | IWPP |
| アラブ首長国連邦 | Taweelah-All | MSF | 113,000/1,550 | IWPP |
|  | Al-Fujayrah | MSF/SWRO | 285,000/170,000 | IWPP |
|  | Taweelah B-C | SWRO | 400,000 | IWP |
|  | Taweelah | SWRO | 225,000 | IWP |
| サウジアラビア | Shoaiba-3 | MSF | 880,000/850 | IWPP |
| イスラエル | Ashkeron（建設中） | SWRO | 280,900 | IWP |
|  | Ashdot Haifa | SWRO | 123,000×4 | IWP |
|  | Palmhim Shomrat |  |  |  |
| アルジェリア | Hamma | SWRO | 200,000 | IWP |
|  | Alger | SWRO | 100,000 | IWP |
|  | Oran | SWRO | 100,000 | IWP |
|  | Skikda | SWRO | 100,000 | IWP |
| エジプト | Sinai | MED | 113,000/300 or 227,000/500 | IWPP |
| キプロス | Liassol | SWRO | 20,000-40,000 | BOT |
| スペイン | Compo de Caratagen | SWRO | 140,000 |  |
| メキシコ | Los-Cabos | SWRO | 20,000 | BOOT |
| チリ | Antofagasta | SWRO | 52,000 | BOOT |
| ハバナ | Nassau | SWRO | 22,500 | BOO |
| インド | Chennai (Minjurl) | SWRO | 300,000 |  |
| パキスタン | karachi Port Trust | SWRO | 95,000 | BOOT |
| 中国 | 煙台 | MED | 120,000-160,000 |  |
| アメリカ（カリフォルニア州） | Carlsbad | SWRO | 189,000 |  |
|  | Huntington Beach | SWRO | 189,000 |  |

(注) MSF：多段フラッシュ法、MED：多重効用法、SWRO：逆浸透法（海水利用）
　　IWPP：Independent Water and Power Producer（独立系造水発電事業者）
　　IWP：Independent Water Producer（独立系造水事業者）
　　BOOT：Build-Own-Operate-Transfer（建設、所有、運転、所有権の譲渡）
　　BOO：Build-Own-Operate（建設、所有、運転）
　　BOT：Build-Operate-Transfer（建設、運転、所有権の譲渡）：コンセッション契約
(出所) 平井［2007］。

式であり、水と電力の販売先はアブダビ水電力会社（ADWEA）である。

　総事業費は30億ドルであるが、その総事業費の30億ドルのうち約20億ドルを国際協力銀行（JBIC）及び邦銀などによるコンソーシアム（8カ国より東京三菱銀行、みずほコーポレート銀行、三井住友銀行等の15行が参画）が協調融資を行い、そのうち、国際協力銀行は、同行のプロジェクトファイナンス案件での融資額では過去最大であった12億ドルの融資を供与している。

## 3　淡水化ビジネスの将来展望はどうか

　まず、1905年の人口や水需要を100として考えてみると、2015年の人口は約420程度であるが、水需要は約900程度と2倍以上となっている。これは、工業生産の伸び、生活水準の向上、農産物の増産などに伴い、多くの水が必要になってきているからである。

　ちなみに、水需要量を用途別に見ると、農業用水が最も多く、全体の71％を占めている。一方、工業用水は20％、生活用水は9％である[5]。

　次に、これまでの世界の淡水化施設の設置容量の推移を見ると、2003年末時点の世界の施設容量合計は、3700万$m^3$/日である。その後の世界全体の淡水化施設の増加率は、2005年から2015年までの10年間で約2倍に達すると予測されている[6]。

　世界を4つの地域に分けて集計した淡水化施設の現状と今後10年間の伸びを見ると（図2-5）、2015年までに中東地域の施設容量は約2800万$m^3$/日になる。施設設置容量はこの地域が最も大きく、世界全体のおよそ45％の施設が設置される予定となっている。次いで、地中海沿岸地域約1500万$m^3$/日、南北アメリカ約1200万$m^3$/日、アジア地域約700万$m^3$/日となっている。2005年から2015年までに新たな施設

### 図2-5 世界の地域別淡水化施設容量の増加予測（2005〜2015年）

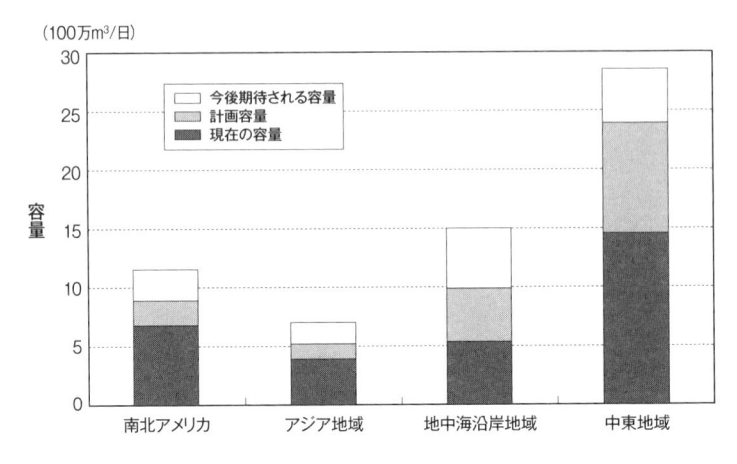

(100万m³/日)

凡例：今後期待される容量／計画容量／現在の容量

横軸：南北アメリカ、アジア地域、地中海沿岸地域、中東地域

(出所)（社）日本原子力産業協会　海水の淡水化に関する検討会［2006］。

　容量の伸び率では、地中海沿岸が最も大きく179％の増加、次いで中東諸国が94％の増加が予想されている。

　以上、海水淡水化の将来展望を見てきたが、それからもわかるように、その需要は今まで以上に期待でき、特に、中東地域、北アフリカ地域を含む地中海地域の市場が魅力的であることがわかった。

　特に、今後、期待できる中東地域は、過去1980年代まで、淡水化施設を含めてすべての水会社は政府の所有で、公営企業として行われてきた。しかし、発電事業については早くから民営化が進んでいたため、それに呼応して、淡水化施設も徐々に民営化するようになってきた。というのは、前述のとおり、中東地域では1990年代から発電プラントに海外淡水化プラントを併設したIWPP（独立系造水発電業者）が事業を行うようになってきたからである。

## 4 淡水化ビジネスの課題は何か[7]

　ここでは、淡水化ビジネスに取り組んでいく際の課題を考えてみよう。

　まず、世界の淡水化施設を受注するためには、その受注国の制度的な整合性を考えつつ対応しなければならない。

　例えば、今後も受注の拡大が期待される中東地域では、電力、ガスなどは適正価格で国民に提供されているが、水は政府によって最小コストで供給されている。具体的には、現在、サウジアラビアでは、水利用者は1m$^3$当たりでわずか0.04USドルの料金しか払っていないのに対して、水の生産と配水コストは1m$^3$当たりで1.07～1.60USドルといわれている。そのため水の無駄使いも多く、世界で有数の水不足国でありながら、一人当たりの水使用量は世界で多い国の1つとなっている。

　このような状況を踏まえ、日本企業は、中東地域のそうした制度を前提に受注を目指すということにとどまらず、サステナブルな事業運営を念頭に、水の料金制度・体系の再構築、高い補助金制度の見直しの提案を行うとともに、日本企業の強みである省水型・環境調和型水循環システムを提供することが望まれる。

　また、一般的に、世界では、水供給だけでなく、電力、ガスなどの供給全般に対する政府の資本負担軽減を図ろうとする理由から民営化を進め、事業効率の向上、サービスの向上、コスト低減化を進めている国も少なくない。このような公益事業の民営化は、同時に、世界的な水関連会社、銀行、証券会社などによる海外資本投資が前提となっており、海外資本による国内企業の活性化につながる可能性を秘めている。

　しかし、一方で、電力、ガス、水等の公益事業は政府または公的機関

が独占所有すべきで、外国の所有とすべきではないという考えも根強くある。それが、民営化が簡単に進まない理由の1つになっている。

その背景として考えられるのは、民営化企業は採算性を重視するため、不採算部門の切り捨てを行う可能性もあり、そのことが、電力、ガス、水道等の国民への安定供給を阻害する可能性がある、ということである。また、原料などのコストの負担増に応じて、電力、ガス、水道料金を上げ、結果として、以前より国民のコスト負担が増すことも考えられる（これらの問題については、第4章の「上水道、下水道ビジネス」で言及する）。

このようなことにも関係があるのか、海水淡水化の民営化事業導入に当たっても、海外資本率はUAEアブダビ40％（政府出資60％）、サウジアラビア60％（政府出資40％）としていたり、オマーンでは外資率100％でも、国が施設の所有を行っている。

公益事業は民営化すべきか、公営で行うべきかはここでは深く立ち入らないが、いずれにしても、前述のとおり、日本企業は、短期的な利益を最優先とせずに、発注国においてサステナブルな事業運営を念頭に置いて、どのような枠組みが適切かをケース・バイ・ケースで考え、提案型ビジネスとして提案することが望まれる。

日本企業が海水淡水化ビジネスを行う際には、ほかにもいくつかの問題がある。

第1点は、日本企業は、発注国の真のニーズにうまく応えていないという点である。例えば、淡水化施設であれば、発注国が必要としているのは、単に、淡水化施設だけなのか、火力発電所や水道事業も含めた幅広いものなのか、そのニーズに応じた提案をする必要がある。

第2点は、コスト問題である。一般的に日本企業は、技術はいいがコストが高いといわれている。発注国の中には、技術は最先端ではなくても、コストを低く抑えたいというニーズもある。そのような発注国に対

しては、そのニーズを的確に捉えて対応する必要がある。

　第3点は、先により良い制度も含めて提案する必要があると述べたが、日本企業はそのような提案をするような状況となっていないということである。というのは、このような大規模施設は入札で決められることとなっているのだが、その入札条件は発注国の依頼を受けたコンサルティング・ファームの助言に大きく左右される。しかし現状では、そのコンサルティング・ファームは欧米系の企業が多く、ともすれば、欧米企業に有利な入札条件を提示するケースも多いという（これらの点は第8章の「ウォーターバロンの戦略」でも論じる）。

　だからといって筆者は、日本企業が有利になるような入札条件にすべきということを主張したいわけではない。ただ、発注国が今後サステナブルに事業運営をできるような入札条件にすべきであるということである。それがひいては日本企業の受注の増大につながる可能性がある。ただし、これは結果論であり、その点については、強く否定しない。

　いずれにしても、現在の日本のコンサルティング・ファームがこのような考えを持っていないのであれば、そうした考えを持つようにコンサルティング・ファームと協力して改善に努めたり、新たにコンサルティング・ファームを作るというのも一案である。

　第4点は、環境問題である。前述のとおり、膜法による淡水化施設がシェアを高めているが、その膜法による淡水化施設から真水を作る際に、副産物として濃度の濃い塩水が発生する。現在、福岡市の「まみずピア」では、それと下水処理水とを混ぜて、塩水濃度を低めて海に放流している。また、同時に、濃い塩水を何らかの新製品に利用できないか検討していると聞く。いずれにしても、この濃い塩水の放流によって、環境負荷を増大させないような仕組みを今後とも検討する必要がある。

## 5 今後の海水淡水化の展望はどうか

　前述のとおり、今後の世界の淡水化施設については、中東・北アフリカ地域のニーズの増加が予想されているが、中国の市場も注目に値する。日本企業は、日本企業の強みを強調するのはもちろんであるが、各国の制度やニーズにあわせて、場合によっては水道事業も含めたフル・パッケージで提案する、いわゆる提案型ビジネスを行うことが期待される。

　近年、淡水化施設は膜法の比率が高くなっており、かつ、図2-6で見

**図2-6　水処理膜の普及状況（造水量・累計ベース）**

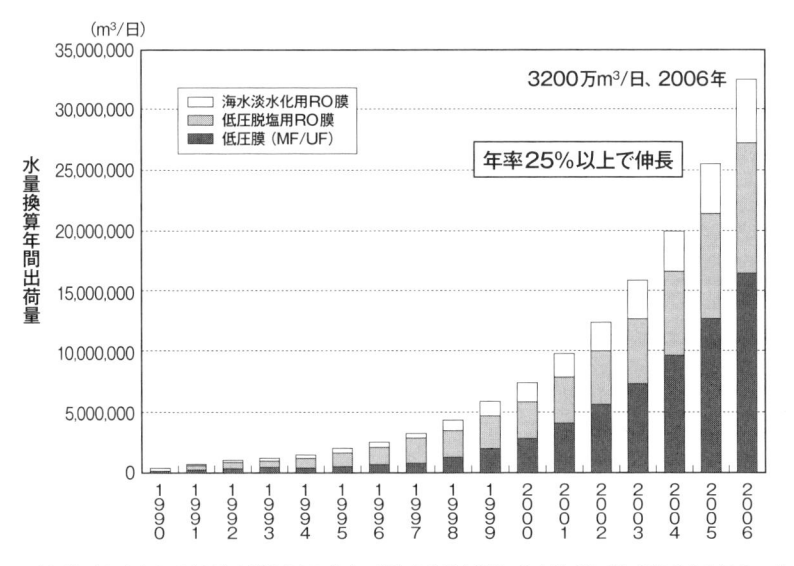

（出所）有限責任中間法人膜分離技術振興協会・膜浄化委員会監修／浄水膜（第2版）編集委員会編［2008］。

**図2-7 膜法・蒸発法のコスト比較**

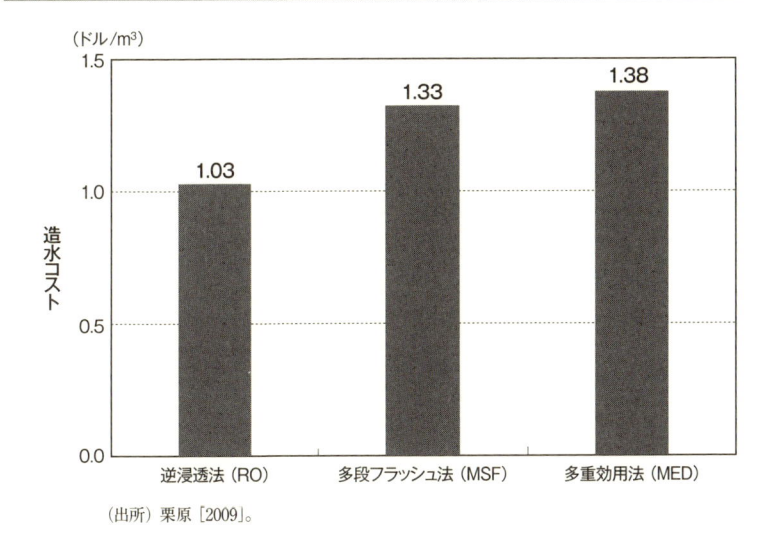

(縦軸：造水コスト、単位：ドル/m³)
- 逆浸透法 (RO)：1.03
- 多段フラッシュ法 (MSF)：1.33
- 多重効用法 (MED)：1.38

(出所) 栗原 [2009]。

られるように、その普及状況は年率25％で伸びている。

図2-7にあるように、膜法の造水コストが蒸発法のそれよりも低くなったことがその要因の1つであると考えられる。

また、造水に必要となるエネルギーは、逆浸透法の場合5～7kW/m³で、蒸発法は10～15kW/m³であり、省エネルギーの点においても逆浸透法が優位になったという点も挙げられる（産業競争力懇談会 [2008]）。

加えて、以前であれば、蒸発法が確実に塩分を除去でき、逆浸透法は完全に塩分を除去することが難しかったが、逆浸透法の性能が格段に良くなり、蒸発法に匹敵するような性能を持つようになったのも、その要因の1つであると考えられる。

次章では、膜法の海水淡水化施設の重要な部品である膜に焦点を当て、膜ビジネスについて議論したいと思う。

【注】

（1）"2006 Worldwide Desalting, Plants Inventory Report," No.19の"Global contracted capacity by water type（2001-2005）"による。
（2）国内の淡水化施設の現状については、国土交通省　土地・水資源局水資源部［2009］を参考にした。
（3）"2006 Worldwide Desalting, Plants Inventory Report," No.19の"Global contracted capacity by water type（2001-2005）"による。
（4）まみずピアについては、http://www.f-suiki.or.jp/seawater/index.phpを参考にした。
（5）（社）日本原子力産業協会　海水の淡水化に関する検討会［2006］および*GWI Desalination Markets 2005-2015*を参考にした。
（6）*GWI Desalination Markets 2005-2015*等による。
（7）（社）日本原子力産業協会　海水の淡水化に関する検討会［2006］等を参考にした。

# 第3章
# 膜ビジネス

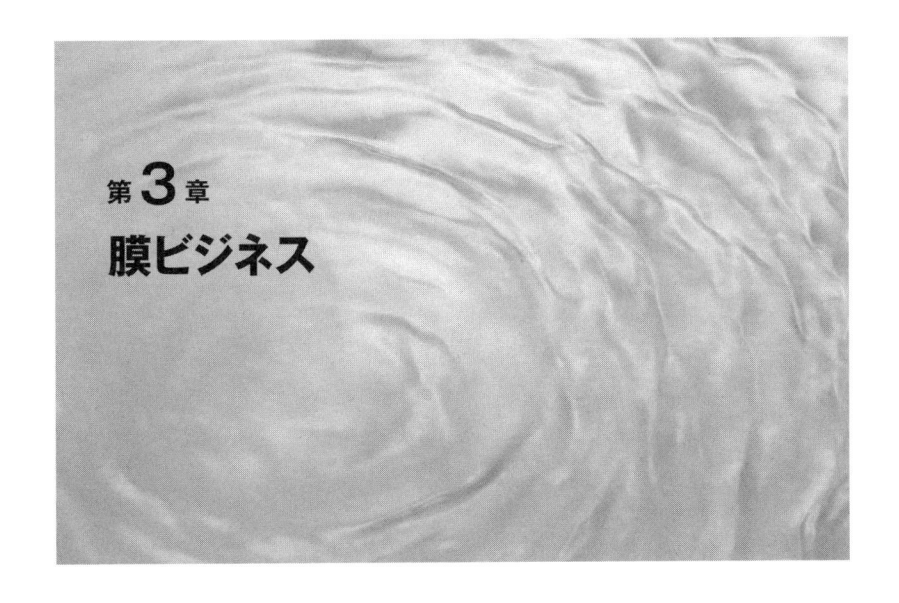

◎本章の内容

　前章でも言及したとおり、海水淡水化施設は今後、新たな建設が期待され、かつ、RO膜を活用した膜法の海水淡水化施設が主流を占める可能性が高くなっている。加えて、下水処理の分野でも従来の活性汚泥法を活用した処理施設ではなく、小規模で浄化能力の高い膜式活性汚泥法（MBR: Membrane Bioreactor）のように膜を用いた処理施設が注目を浴びている。

　これらの海水淡水化や水質浄化に必要な膜技術は、日本企業の競争力の強い分野である。特に、海水淡水化に用いられるRO膜では、日本企業の世界シェアは約7割といわれている。日本でRO膜を作っている主な企業としては、日東電工、東レ、東洋紡がある。一方、海外企業としては、ダウ・ケミカルが挙げられる。

　膜技術において優位性を持っている日本企業でも、いくつかの課題が

ある。その1つは、価格決定権がないことである。確かに、日本企業は卓越した技術を持っており、結果として市場シェアは高いのだが、膜はトータルな水ビジネスの中の一部分であるために、供給者が価格決定権を持っているわけではない。膜の価格は、需要者が全体の資金アロケーションから決める傾向があり、膜の供給者が十分な利益を得られない構造となっている。ひるがえってみると、コンピュータに用いられている半導体もこの膜と同じように全体のシステムの一部である。ではなぜ、半導体は「インテル・インサイド」といわれるように、部品としての存在意義が高く、価格交渉力があるのだろうか。

　本章は、膜ビジネスの産業構造や技術全般の状況を探ることを目的とする章である。

# 1　膜ビジネスとは何か

　まず、水処理の方法は、大きく分けて2つある。汚濁物質の大きさや比重などにより分離する物理化学的な方法と、微生物による吸収・分解作用を用いた生物学的な処理方法である。

　実際の水処理施設は、原水の状況や処理水の要求水準や設置コスト、メンテナンスコストを念頭に置きながら、さまざまな選択肢の中から最適な処理手法をミックスして水処理施設を作っている。

　このようななか、上記の物理化学的な水処理方法の1つである膜分離を活用した方法が注目を浴びはじめている。その具体的な事例としては、海水淡水化施設やMBR（膜式活性汚泥法）を用いた下水処理施設である。

　膜分離による水処理は、1953年に米国内務省の海水淡水化プロジェクトに逆浸透法が提案されたのを契機に発展しはじめた。その後、

1960年代になって、米国の大学及び企業が海水淡水化を目的として研究開発を行うとともに、その製造と販売に成功した。一方、日本では、1974年に（財）造水促進センターが経済産業省（当時、通商産業省）から「逆浸透海水淡水化技術開発調査」の委託を受け、逆浸透法海水淡水化の実証実験を茅ヶ崎市で開始した。さらに、1985年から1990年までの6年間実施した「アクアルネッサンス90」では、生物処理と膜処理を組み合わせたシステムの開発を目指した。その結果、これまで膜処理は比較的きれいに処理された水でなければ処理できないといわれていたが、下水や排水のように比較的汚れた水を直接膜で処理するシステムを開発し、その結果として、MBR（膜式活性汚泥法）につながった。

　その後、東レ、東洋紡、日東電工がRO膜を製造し、市場に投入するようになった。一般的に、新たな開発は既存特許に抵触しないよう留意する必要があるが、当時のRO膜に関する基本特許の大部分は、特許期限が切れたものや公の機関に帰属するものであり、RO膜に関しては特許を重要視しなくても問題なかった。

　ただし、その当時の膜分離による水処理コストが他の処理手法と比較して高額であったり、また海水淡水化の能力を例に取ってみると、蒸発法に比較して、塩分除去率に比較優位がなく、技術的に未熟な部分が多かったため、一部の工場用の施設に活用されるだけだった。

　しかし、従来の塩素処理では死滅できない感染細菌（クリプトスポリジウム）が水道水に混入し、塩素消毒の限界が露呈したことから、欧米を中心に上水処理においても、膜分離法が活用されるようになってきた。一方、日本の状況も同様であり、1996年に埼玉県で発生したクリプトスポリジウムが1つの契機となって、膜ろ過浄水プラントが規模、数ともに増加した。

　また、下水道処理の適用についても、例えば、2003年1月に東京都下水道局が芝浦水再生センターにおいて日本で初めてのオゾン耐性膜ろ

過法による再生水製造システムを発注するなど、新たな動きが見られる。

　これらと軌を一にして、膜自身の性能が向上し、海水淡水化の分野においても、蒸発法と遜色のないような性能を有するまでになってきた。さらに、エネルギー消費量も低下し、効率的な水処理設備という位置づけが不動なものとなってきた。これらのことについては、栗原［2009］は以下のように言及している。

1）素材探索や界面重合の制御など継続した研究開発の成果に加え、2）量産体制の強化や生産技術の向上によって分離膜の性能、コストが飛躍的に向上し、1980年当時と比べると例えばRO膜では脱塩率が10倍改良され、価格は1/10に低減した。これに応じて海水淡水化に関わる、3）エネルギー消費量も減少してきており、1970年には1$m^3$の水を作るのに12kWhを切るに至っている。4）造水コストについては原料や資源価格の影響があるものの、1ドル/$m^3$以下の低コストで造水可能になった。

　また、サウジアラビアの日量21万$m^3$のシュケイク浄水場で、逆浸透法、多段フラッシュ法（MSF）、多重効用法（MED）の3技術の造水価格競争力を比較したところ、水処理にかかる1$m^3$当たりのコストが、逆浸透法は1.03USドルであったのに対して、多段フラッシュ法は1.33USドル、多重効用法は1.38USドルとなり、逆浸透法の価格の優位性が確認された（前出の図2-7を参照）。

　膜は膜自身の孔径により、RO膜、ナノろ過膜、限外ろ過膜、精密ろ過膜の4つの種類に分けられる。

　一番孔径が小さく、イオンの分離ができるため、海水淡水化や超純水の製造などに使用される膜は、RO膜（Reverse Osmosis Membrane）と

呼ばれている。このRO膜については、その用途により、海水淡水化用逆浸透膜（Sea Water Reverse Osmosis Membrane）とかん水淡水化用逆浸透膜（Brackish Reverse Osmosis Membrane）に分ける場合もある。

　次に、RO膜より孔径が少し大きく、イオンなどの阻止率が逆浸透膜よりルーズに設計された膜をナノろ過膜（Nanofiltration Membrane）といい、一部、海水淡水化の前処理に使われているほか、農薬やタンパク質の除去にも活用されている。

　さらに、孔径の小さい順に、限外ろ過膜（Ultrafiltration Membrane）、精密ろ過膜（Microfiltration Membrane）がある。限外ろ過膜は、微細なウィルスなどを除去し、上水製造や工業用水浄化に使用されている。また、精密ろ過膜は、感染細菌や花粉・毛髪などの物質の通過を阻止し、主に下水処理や上水製造などに用いられている。

　膜処理ビジネスは、比較的孔径が小さく、高圧で運転することが求められるRO膜、ナノろ過膜と、比較的孔径が大きく、低圧で運転することが可能な限外ろ過膜、精密ろ過膜の2つに分けることができる。

　前者は、海水淡水化や超純水の製造など、高度な水処理用に用いられている。この分野で活躍している日本企業は、日東電工、東レ、東洋紡である。一方、後者は、懸濁物質・細菌など溶解していないものを除去する目的で使用されており、その用途は下水道処理などである。この分野では、旭化成、東レ、日東電工などの日本企業のほか、世界各国の多くの企業が参入しており、競争が高まっている。この分野では、先端技術が必要というよりは、加工技術の良し悪しが勝負の決め手となっている。

　以上の点について、表3-1に整理しておいた。

　また膜の種類は、その原理的な違いにより、大きく2種類にも分けられる。

　その1つは中空糸膜である（図3-1）。これは、パスタ程度の太さで中

**表3-1　水処理膜の種類**

| 略称 | 膜の機能 | 分離対象・用途 |
|---|---|---|
| RO（逆浸透）膜 | 0.1nm 程度の粒子をふるい分け浸透圧を超える圧力をかけることにより分離 | イオンの分離海水淡水化・超純水の製造などに使用 |
| NF（ナノろ過）膜 | 1nm 程度以上の粒子をふるい分け静電効果により分離 | 活性炭吸着に近い水準の溶解性物質を除去、海水淡水化前処理、上水製造（農薬除去） |
| UF（限外ろ過）膜 | 数〜数十nm 程度以上の粒子をふるい分け | ウィルス、コロイド物質など溶解したいものを除去 |
| MF（精密ろ過）膜 | 100nm〜10μm 程度の粒子をふるい分け | 懸濁物質・細菌など溶解していないものを除去、上水の除濁や下水処理などに使用 |

(注) 1nm（ナノメートル）= 10億分の1メートル、1μm（マイクロメートル）= 100万分の1メートル
(出所) 竹ケ原 [2005]、岡本 [2008] をもとに筆者作成。

が空洞の糸状に成型し、通常は外側から内側にろ過する方法である。図3-1に示したとおり、左側から原水を供給し、若干の圧力を加えると、除去したい成分を残してきれいになった水だけが中空糸膜を通過し、中の空洞に到達し、図の右側へ淡水として供給される。

一方、中空糸膜を通過できなかった濃縮水（塩類が濃縮された水）は図の左側に流れ、廃棄されることとなる。また一般的に、精密ろ過膜や限外ろ過膜は、中空糸膜が多いという。

中空糸膜の特徴は、コンパクトで安価であり、比較的低圧で利用できる特徴がある。さらに、耐塩素性があり汚れに強く、微生物の多い水源でも比較的安定的に稼働できる。また、中空糸膜はスパイラル膜よりも水に接する表面積が約10倍であるため、設置面積の低減が可能である。それらの結果、中東地域で高いシェアを誇っている。

一方で、破断によりろ過不良を生じやすいという欠点も持つ。膜素材としては、酢酸セルロース、芳香族ポリアミド、ポリビニルアルコー

図3-1　中空糸膜

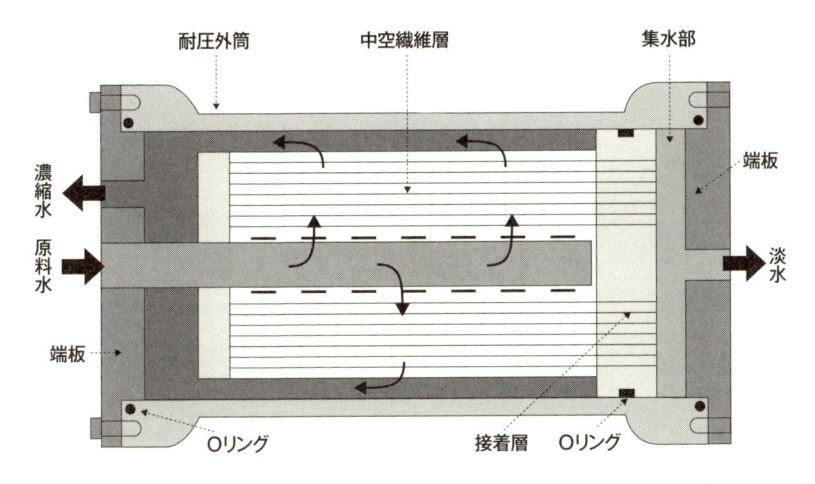

(出所) 福岡地区水道企業団〈http://www.city.fukuoka.lg.jp/mizu/meotoishi/0061.html〉。

ル、ポリスルホン等がある。

　もう1つの種類は、スパイラル膜である（図3-2）。これは、1枚のろ過膜の強度を保つため、丈夫なメッシュ状のサポートと重ね合わせて袋状に閉じ、これをロールケーキ状に巻いてその断面方向から加圧する膜である。具体的には、図にあるように、袋状の膜の外側に原水があり、それが加圧されることにより、袋状のろ過膜の内部に淡水のみが透過され、その淡水が、中心部の管を通って供給される。一方、袋状のろ過膜を通過できなかった濃縮水は、ロール状になった膜の中心部以外の部分からしみ出て廃棄されることとなる。

　なお、RO膜に限ってみると、東レ、日東電工はスパイラル膜を使い、東洋紡は中空糸膜を使っている。

　次に、水処理膜全体の世界市場について見ると、日本企業が約6割のシェアを獲得している。特に、海水淡水化用逆浸透膜については、約7

**図3-2 スパイラル膜**

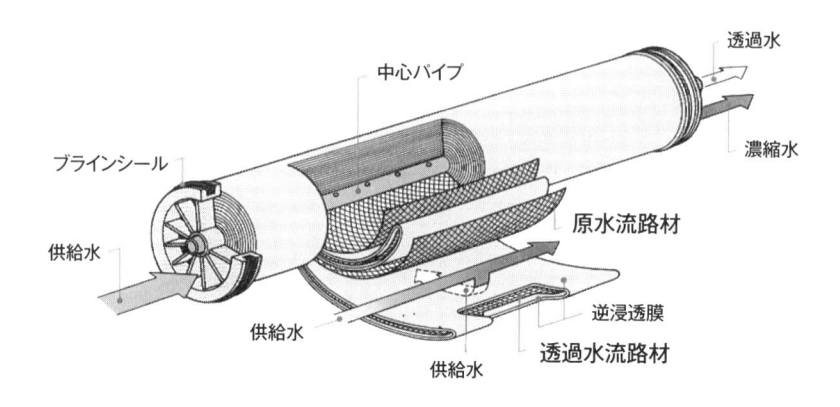

(出所) 東レ資料。

**図3-3 世界の水処理膜市場における日本メーカーのシェア**

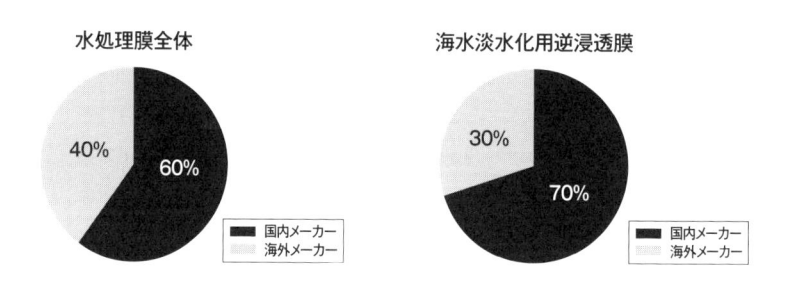

(出所) 経済産業省 [2009]。

割のシェアを示している（図3-3）。

　さらに、国内外の膜メーカーを見ると表3-2のとおりとなる。特に逆浸透膜では、日東電工、東レ、東洋紡3社で世界市場の7割のシェアを獲得しており、海外企業では米国のダウが大きなシェアを持っている。

　最後に、逆浸透法の原理について考える。まず、図3-4の左側の図を

**表3-2 世界の膜メーカー**

| | | | RO | NF | UF | MF | MBR |
|---|---|---|---|---|---|---|---|
| 海外 | ダウ(Dow) | 米国 | ◎ | ◎ | | ○ | ○ |
| | コーク(Koch) | 米国 | ○ | △ | ○ | ○ | ○ |
| | GE | 米国 | ○ | ○ | ◎ | | ◎ |
| | シーメンス(Siemens) | ドイツ | | | | ◎ | ○ |
| | ノリット(Norit) | オランダ | | | ◎ | | ○ |
| | ウンジン化学 | 韓国 | ○ | ○ | | | |
| | モティモ(Motimo) | 中国 | | | | ○ | ○ |
| | ヴァントロン(Vontron) | 中国 | ○ | ○ | | | |
| 日本 | 東レ | | ◎ | ○ | ○ | ○ | ○ |
| | 日東電工 | | ◎ | ◎ | ○ | ○ | |
| | 三菱レーヨン | | | | | ○ | ○ |
| | 東洋紡 | | ○ | | ○ | △ | |
| | ダイセル化学 | | ○ | | ○ | | |
| | 旭化成 | | | | ○ | ◎ | ○ |
| | クボタ | | | | | | ◎ |

(注) ◎:高シェア製品、○:市販製品、△:開発製品
(出所) 東レ資料をもとに作成。

見てみよう。半透膜を境界として両側に真水と塩水を入れると、真水は半透膜を透過して塩水側に移動する。すなわち、浸透圧の差によって濃度の低い側から高い側へ水が抜けていくのである。その結果、図3-4の真ん中の図に示されたとおり、水面の高さに差が生じ、ある高さになると真水の移動が止まるのである。このときの水面の高さの差に相当する圧力がその塩水の浸透圧となる。そこで、図3-4の左側の図にあるように、塩水側に浸透圧以上の圧力を加えると、塩水中の水は半透膜を通して真水側に移動し、これにより淡水を得る。すなわち、塩水のうちの水分子だけが真水側に移動するのである。この現象は逆浸透といい、RO膜(逆浸透膜)の名はここから来ている。

　このような原理で淡水を作るため、RO膜では、通常のフィルターの

### 図3-4　逆浸透法(Reverse Osmosis Process)

　塩水　　半透膜　　真水

浸透圧

P

半透膜を境界として両側に真水と塩水を入れると、真水は半透膜を透過して塩水側に移動する。

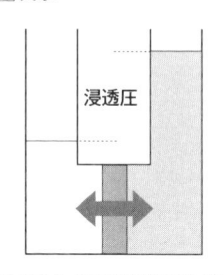

そのため水面の高さに差ができ、ある高さになると真水の移動が止まる。このときの水面の高さの差に相当する圧力がその塩水の浸透圧となる。

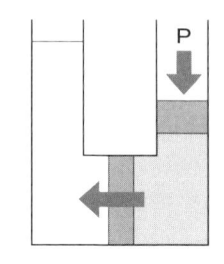

塩水側に浸透圧以上の圧力を加えると、塩水中の水は半透膜を通して真水側に移動し、これにより淡水を得る。

(出所) 国土交通省　土地・水資源局水資源部 [2009]。

ように加えた水の全量を透過させて取り出すことができない。したがって、海水の投入量に比べていかに淡水の生成量を高めるかというのは、効率性の観点から重要な技術開発要素となっている。

## 2　膜の利用可能性を探る

　これまで言及したとおり、膜の主な使用用途を見れば、孔径が最も小さなRO膜は海水淡水化施設に使用される例が多い。これについては、第2章で詳述した。また、第5章で言及する「水売りビジネス」の中で、液晶工場や半導体工場に超純水を供給するビジネスにもこの逆浸透膜が使われている。さらに、果汁や乳製品、化学薬品の濃縮にも使われることもある。特異な使用例としては、中空糸膜は人工腎臓に多く活用され

ている。

　一方、従来、飲料水に関しては、良質の水源に化学的な処理をして、供給する例が多かったが、最近では、水源汚染が著しくなっているため、膜の処理技術を活用した施設も増えてきている。さらに、下水処理に関しても従来、活性汚泥法が活用されていたが、最近ではMBR（Membrane Bioreactor：膜式活性汚泥法）の活用が注目されはじめている。以下では、それら、上水道、下水道における膜の活用例を明らかにする。

### （1）MBR（膜式活性汚泥法）とは何か

　従来の下水では、有機性汚泥がほとんどであったため、下水処理は生物学的処理である活性汚泥法が主流だった。活性汚泥法とは、微生物に酸素を与えたり、微生物を多く含む活性汚泥を水に混合し酸素を供給することを通じて、汚水に含まれる汚濁物質により微生物を活性化させ、さらに新たな活性汚泥を発生させていくという手法である。

　この活性汚泥は水より比重が重いため、上層のきれいな水は、最終沈殿池を経由した後、消毒され、放流されるが、下層にたまった活性汚泥については、汚泥として処理したり、一部は最初沈殿池に再投入されることとなる。

　一方、MBR（膜式活性汚泥法）は、活性汚泥と処理水の固液分離を、生物反応タンクに浸漬した微細な孔径を有するろ過膜で行う方法である。活性汚泥の沈降性に左右されず、清澄で高度な水質の処理水が得られ、処理施設のコンパクト化が図られることとなる（図3-5）。

　MBRの利点としては、前述のとおり、設置面積が少なくてすむことに加え、処理水質が良質で、高濃度汚泥にも対応できることがある。また、維持管理費も相対的に低い。

　これに対し従来の活性汚泥法では、エネルギー消費が少ないという利

**図3-5　従来の活性汚泥法と膜分離活性汚泥法**

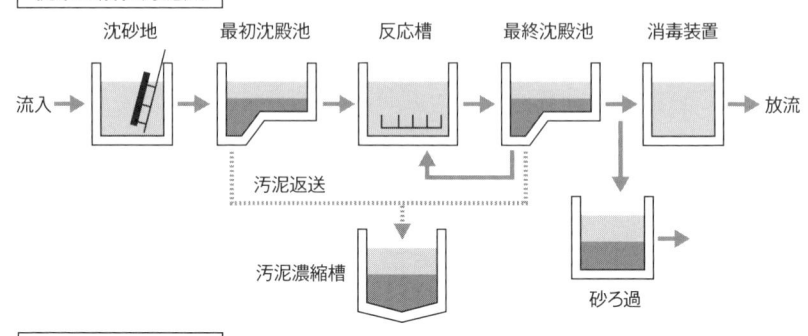

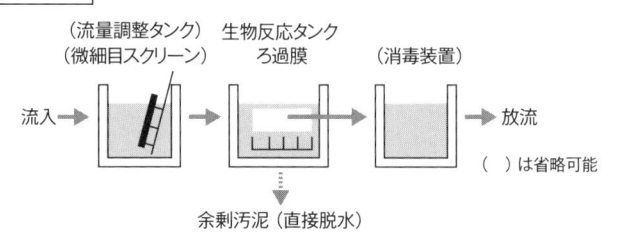

従来の活性汚泥法

沈砂地　最初沈殿池　反応槽　最終沈殿池　消毒装置

流入→　　　→　　　→　　　→　　　→　　　→放流

汚泥返送

汚泥濃縮槽

砂ろ過

膜分離活性汚泥法

（流量調整タンク）　生物反応タンク
（微細目スクリーン）　ろ過膜　　（消毒装置）

流入→　　　→　　　→　　　→放流

（　）は省略可能

余剰汚泥（直接脱水）

（出所）日本下水道事業団〈http://www.jswa.go.jp/gikai5/jituyoukagijutu/maku.pdf〉。

　点があるものの、活性汚泥の性状に大きく左右されるため、汚泥の沈降性を常に良好な状態に維持する必要があり、その維持管理に手間を要する。また、最終沈殿池など広大な設置面積が必要で、相対的に長時間の処理時間を要してしまう。

　最近、活性汚泥法を用いた処理施設が設備の更新期を迎えるケースが多いという。そのような場合、上記のような特徴にかんがみて、MBRを採用する例が増えてきている。今後は、下水道処理についても、徐々にMBRに移行していくものと想定される。

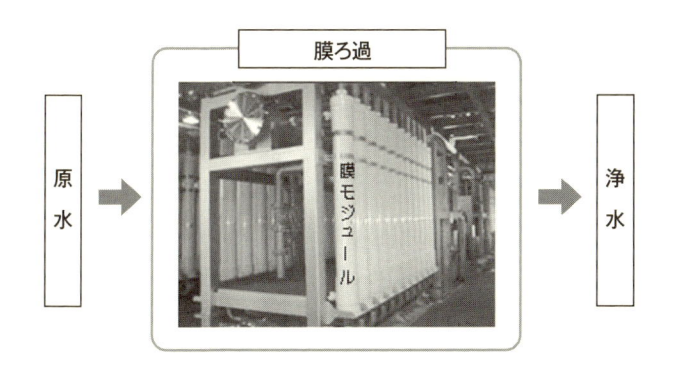

**図3-6　砧浄水場及び砧下浄水場の処理フロー**

(出所) 東京都〈http://www.metro.tokyo.jp/INET/OSHIRASE/2007/03/20h3mf00.htm〉。

### (2) 膜法の上水道利用の可能性を探る

　上水道の一連のプロセスは、第4章に譲るが、ここでは、膜法を活用した上水道の浄水例を紹介する。前述のとおり、従来は水源がきれいであるケースが多かったため、相対的に大きなごみを取り除いた後、化学的な処理などを施し、水道水を供給する例が多かった。しかし、最近、水源地の汚染が著しく、従来の方法では基準値を満たすような水質確保が困難になってきている。そこで、汚染に強い膜を活用した処理方法を導入する例が増えてきている。ここでは、2007年3月に完成した砧浄水場及び砧下浄水場を紹介しよう（図3-6）。

　この2つの浄水場は、今まで、多摩川の伏流水を原水として、緩速ろ過法を活用して浄水を行ってきたが、築後80年が経過し、設備の更新時期を迎えたので、それを機会に、原水水質の水処理に適し、運転管理の効率性の面で優れた膜ろ過方式を導入した。この2つの浄水場は、それぞれ日量4万$m^3$の処理能力を有し、中空糸膜のMF膜を使用している。

# 3 膜ビジネスの課題は何か

　RO膜では、膜を通過しなかった塩類を排出しないと、加圧側の塩類濃度が限りなく上昇し、浸透圧が高まって膜を水が通過できなくなってしまうため、塩類が濃縮された水（濃縮水）を連続的に排出しなければならない。したがって、通常のフィルターのように水の全量を透過させて取り出すことができない。そこで、水の回収率をいかに上げるかが技術課題の1つとなっている。

　例えば、塩分濃度3.5％の標準海水の場合、海水淡水化による淡水の回収率（海水100に対して得られる淡水量）は、40％が標準である。日本の逆浸透膜メーカーはその5割増しの60％にする技術を開発し、実際のプラントに使用しているが、その効率をさらに上げることが求められている。

　また、濃縮水をいかに処理するかも技術課題の1つである。現在、福岡県にある海水淡水化施設では濃縮水を希釈して外洋に放流しているが、今後、この濃縮水を塩の生成やその他の再利用方法を編み出す必要性に迫られる。

　さらに、高圧をかけて淡水の回収率の増加を目指す場合、膜の高耐圧化が主要な課題であるし、一方、運転コストを低下させ省エネ型の膜を開発するため、低圧下で淡水の回収率の増加を目指す研究開発も必要である。さらに、膜に阻止された微生物などが付着することによる汚れであるファウリングをできる限り発生させないメカニズムを実現したり、仮にファウリングが生じた場合、それをメンテナンス・フリーで取り除く方法の開発も重要な技術課題の1つである。

# 4 | 膜ビジネスの今後の方向性

　今まで述べてきたとおり、日本企業は膜で卓越した技術を持っており、結果として市場シェアが高い。しかし、膜はトータルな水ビジネスの中の一部分であるため、膜の供給者が価格決定権を持っているわけではなく、プロジェクト全体のコーディネーターが全体の資金アロケーションから価格を決める傾向があり、供給者が十分な利益を得られない構造になっている。これは、寡占状態の市場の中で競合他社の技術水準がほぼ同一であるため、価格競争となってしまうのである。

　一方、本章の冒頭で述べたとおり、コンピュータに用いられている半導体も膜と同じように全体のシステムの一部であるが、半導体は、一企業の技術優位が歴然としており、価格競争をする以前の問題として性能が違うため、部品としての存在意義が高く、半導体製造メーカーに価格交渉力がある。それでは、膜メーカーはいかにしてその価格決定権のない状況から脱却できるであろうか。

　まず指摘できるのは、前項のさまざまな課題に対応するため、技術開発を進め、他社に比しての技術優位を確立することである。

　次に考えられるのは、膜製造だけを専業とせず、エンジニアリング会社との連携を模索したり、オペレーションとメンテナンスの事業を請け負うなど、「範囲の経済」を追求することである。膜のみの販売では、利益が限られてしまうので、その業務範囲を拡大することにより、トータルでの効率化を進めるとともに、それぞれの分野の先進的な技術を組み立て、システムを構築し、他に類を見ないシステムを構築することである。

　現に、東レは2004年7月に、水処理総合エンジニアリング会社の最

大手である水道機工への出資比率を20％から51％に引き上げるとともに、東レ及び東レエンジニアリングの国内における水処理システムプラント事業を統合している。一方、日東電工は、膜分野に限ってであるが、オペレーションとメンテナンス業務に対して徐々に進出しつつある。

さらに、「規模の経済」を目指し、膜専業メーカー同士が合併するということも考えられる（独占禁止法の問題はあるが）。もちろん、合併は私企業の判断で行うべき事柄であるが、この「規模の経済」を追求することにより、過当競争からの脱却が可能となり、技術力に見合った利潤の確保が可能となる。

最後に、需要者のニーズにいかに応えるかも重要である。上述のとおり企業間で膜処理技術の優劣がつきにくくなっており、最近では、個々の膜の性能比較の時代を越えて、組み合わせの妙を競うIMS（Integrated Membrane System あるいはIntegrated Membrane Solutions）の時代となっている。

例えば、伝統的な技術と膜処理の組み合わせ（砂ろ過による前処理とRO膜）や、異なる膜の組み合わせ（精密ろ過膜の前処理とRO膜）など、多様な選択肢の中に膜処理を最適なかたちで組み込むことによって効率的に目標とする水質を確保する手法が主流となっている。こうした組み合わせ技術によって、システムとして膜処理の効率性（費用対効果）を高めることができるかどうかが、競争力を左右する時代に入ったのである。今、この時代のさきがけとなっているのは、東レ、日東電工などの企業である。

このような意味では、前述の「範囲の経済」を考えて、エンジニアリング会社との連携も1つの解になるものと考える。

# 第4章
# 上水道、下水道ビジネス

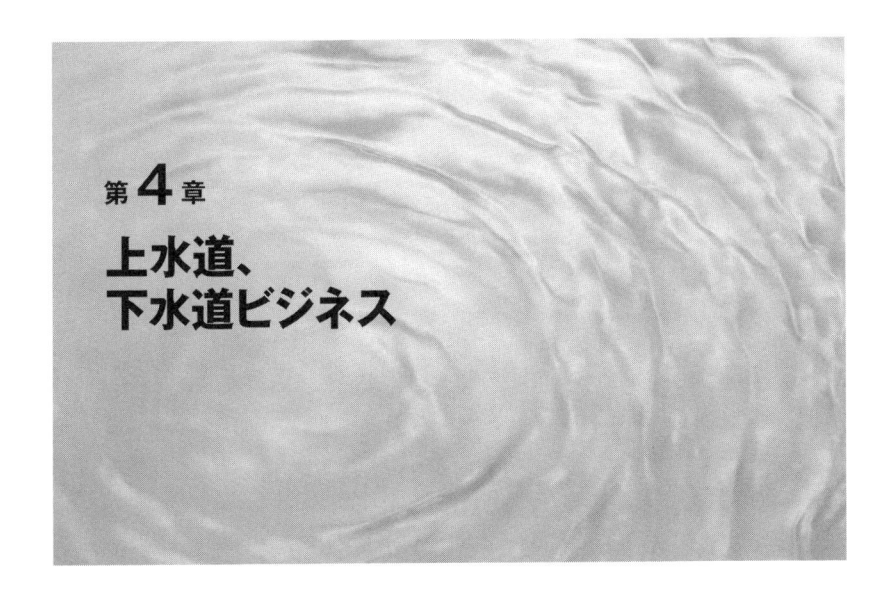

◎**本章の内容**

　まず、上水道、下水道とはどのようなものかを明らかにする。次に、それぞれをビジネス化するために必要不可欠な民営化について、日本の実態を示す。さらに、上下水道事業を行っていく際の問題点を明らかにする。最後に、ボトルネックとなっている問題点を解消するための将来展望を述べる。

　具体的には、国内の上水道、下水道ビジネスを活性化するためには、官側は、「水利権」の売買が可能となり、民間委託の長期契約等も加味した、民間企業に参入メリットの高いシステムの構築を促すべきである。一方、民間側は、コストダウン、包括委託が受託可能な企業体を設立すべきである。さらに、日本企業が海外の上水道、下水道事業を受注するためには、コストダウン、日本の得意技術である省水型・環境調和型水循環システムの海外市場への導入、「規模の経済」、「範囲の経済」

を確保した企業を創設すべきである。

# 1 上水道ビジネス

### （1）上水道とは何か[1]

　水道法では、「水道」を「導管及びその他の工作物により、水を人の飲用に適する水として供給する施設の総体」と定義づけている。水道事業のうち、特に、給水人口が5000人以下の水道事業を簡易水道事業といい、それを超えるものを上水道事業といっている。2006年度末の水道事業体数は、全国で9202であり、そのうち上水道事業体数が1572であり、それ以外の7630が簡易水道事業体数である。また、水道の合計普及率は97.2％に達している。

　日本では、水道事業を経営する者は、厚生労働大臣の認可を受けなければならないことになっていて、市町村（具体的には、市町村により経営される地方公営企業）によって運営されている例が多い。ただし、最近では、業務の一部を民間委託する例も増えてきている。また、水道事業者は、事業計画を定める給水区域内の需要者から給水契約の申し込みを受けたときは、正当の理由がなければ、これを拒んではならないことになっており、原則として、水道により給水を受けたい者に対して常時水を供給しなければならない。

　一方、2006年度における全国の上水道事業の平均給水原価は178.83円/$m^3$となっており、前年度に比べ、約0.5％減少している。また、上水道料金は、用途や口径別に設定されるのが一般的である。加えて、ほとんどの事業体で従量料金制が取られており、使用量の増加により単価が高額となる逓増型料金体系を採用している。これは、水の合理的な使用を促し需要抑制を図ることを目的としているからである。

ひと月に10m³使用した場合の2006年度の家庭用料金（口径別料金体系は口径13mmによる）の全国平均は、1451円となっており、前年度（1451円）と同じであった。ただし、給水人口10万人以上の事業体においては、料金にかなりのばらつきがある。その理由としては、水道事業が独立採算制で運営されているため、老朽施設の更新、建設時の借入金負担等もすべて、料金収入で対応しなければならず、小規模の市町村ほど、収支が厳しくなってしまうからである。

　また、供給される水は一定の水質基準を満たさなければならないこととなっている。具体的には、シアン、水銀などを含まないこと、銅、鉄、フェノールなどが許容量を超えて含まれないことが条件となっている。具体的には、銅は$1.0\mathrm{mg}/\ell$以下、鉄は$0.3\mathrm{mg}/\ell$以下、フェノールは$0.005\mathrm{mg}/\ell$以下である。

　水道の配水管の漏水防止対策などにより、上水道の有効率（＝（給水量－管の漏水等により利用先までに失われる水量）÷給水量×100（％））は1993年度に90％に達し、2006年度には92.5％に達している。この高い有効率は日本の水道事業の強みである。

　ここで、標準的な上水道事業について考えてみよう（図4-1）。まず、河川の表流水等から水を取水する。次に、浄水場において、沈殿池、ろ過池等で一定水準以上の水質を確保した後に、塩素等を注入し、配水地に貯水する。そのなかで、特に高度処理が必要なときには、オゾン接触池などの高度浄化施設を設置する場合もある。その後、ポンプを用いて、家庭、ビル、学校等の個別需要体に水を供給するのが一般的である。この一連の施設を見ればわかるとおり、施設建設については、国内外の企業間で技術面の甲乙がつけられないといわれている。したがって、施設建設を受注するためには、低い受注金額の提示が必要となっている。

## 図4-1　上水道事業の概観

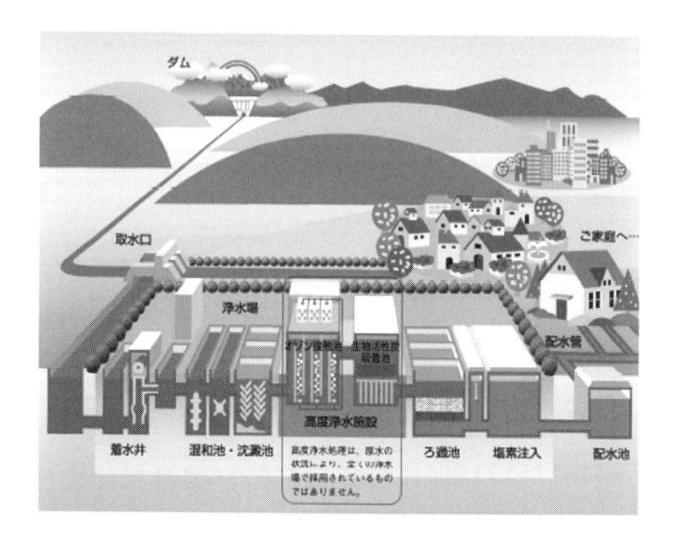

**水源**
・ダム等に河川水等を貯留し、放流量をコントロールして河川水の有効利用を図る

**取水口**
川や貯水池の水を取り入れる
・水質測定
・水源河川の状況の監視

**着水井**（ちゃくすいせい）
浄水場に入ってくる原水の量を調整する

**混和池・沈殿池**
原水の濁りを沈めやすくする薬品を混ぜ、濁りの固まりを作り沈殿させて取り除く
・薬品が適正に注入されているかの検査
・濁りが十分に除去されているかの検査

**高度浄水施設**
カビ臭などの異臭味を除去する

**ろ過池**
沈殿池で濁りを取り除いた原水を砂の層でろ過する
・清浄な水になっているかの検査

**塩素注入**
安全な水の供給のために塩素を入れて消毒する

**配水池**
需要量に応じて適切な配水を行うために、浄水を一時たくわえる
・残留塩素の濃度等確認
・水道水として安全な水であるかの検査・確認

**給水栓**
・家庭に安心して飲める、きれいな水が届いているかの検査・確認

(出所) 厚生労働省健康局水道課 [2009] を筆者が修正。

## （2）上水道の民営化は救世主となりうるか

①そもそも民営化とは何か

まずは、民営化とは何かについて考えてみよう。究極的な民営化は、公的部門が所有する事業を民間部門に売却、あるいは、民間部門が自ら建設し、民間部門が事業を行うことを指し、「完全民営化」といっている。一方、公共性の高いという認識のもと、公共部門が実施するというような事業の枠組みは残しつつ、民間の競争原理や効率化のための創意工夫、さらには民間資金の導入等を念頭に置き、公共と民間が契約に基づき公的サービスを協業して実施するケースをPPP（Public Private Partnership：官民連携）といっている。このPPPは、一般的に、「公共部門と民間部門が公共財・公共サービスの提供を協力して実施する形態であり、最小のコストで最良のサービスを提供できるような手法やスキームを検討して実施するもの」と定義づけられている。他方、すでに概念として定着しているPFI（Private Finance Initiative）[2] もある。これは、「公共施設等の建設、維持管理、運営等を民間の資金、経営能力及び技術的能力を活用して行う新しい手法」のことをいう。PPPはPFIに比べると幅が広く、両者は包含関係にある。

民営化の契約形態には、民間関与が低いものから順番に、O&M（Operation and Maintenance）契約、OM&M（Operation, Maintenance & Management）契約、リース（アフェルマージュ）契約、BOT（Build, Operate, Transfer：建設、運転、所有権の譲渡）コンセッション契約、BOO（Build, Own, Operate：建設、所有、運転）契約といっている。例えば、リース（アフェルマージュ）契約は、インフラ所有の権限は公的部門に残したうえで、事業・現業部分を民間会社に委ねた公設民営型の民営化のことである。また、BOTコンセッション契約は、事業の実施権限を民間企業に委譲して、施設・設備の建設から運営まで一括して民間に任せる契約である。

### 図4-2 民営化の概念の整理

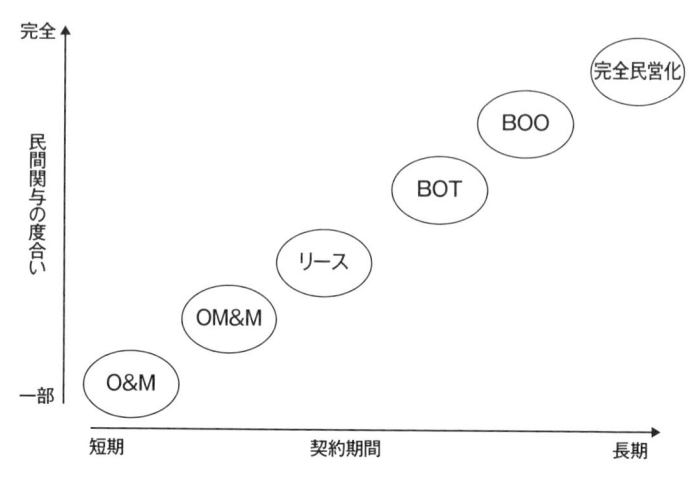

(縦軸：民間関与の度合い 一部〜完全／横軸：契約期間 短期〜長期)

- O&M
- OM&M
- リース
- BOT
- BOO
- 完全民営化

（出所）篠原・角石・篠崎［2004］。

　図4-2に民営化の概念を整理した。これを見ればわかるように、民間関与の度合いが高くなるに従って、契約期間が長い傾向がある。その理由としては、民間委託の度合いが高くなればなるほど、民間企業のリスクが高くなるため、長期間の契約期間がないと事業がペイしないからである。

　また、表4-1では、図4-2で示した民営化のそれぞれの契約の形態の事業範囲を示した。例えば、BOO契約であれば、維持管理、事業運営、資金調達、設計、建設、所有を事業範囲としている。一方、O&M契約は維持管理のみを事業範囲としている。

②上水道の民営化の具体的事例を見る

　まず、公共施設等の整備、維持管理及び運営における民間活力の導入に関しては、1999年に「民間資金等の活用による公共施設等の整備等

**表4-1　民活の契約の形態と事業範囲**

| 形態 | 事業範囲 | 維持管理 | 事業運営 | 資金調達 | 設計 | 建設 | 所有 |
|---|---|---|---|---|---|---|---|
| PFI | BOO | ○ | ○ | ○ | ○ | ○ | ○ |
| PFI | BTO コンセッション | ○ | ○ | ○ | ○ | ○ | |
| | リース アフェルマージュ | ○ | ○ | ○ | | | |
| | OM&M | ○ | ○ | | | | |
| | O&M | ○ | | | | | |

(注)　○：民間側が負うリスク。
(出所)　篠原・角石・篠崎［2004］を参考に作成。

の促進に関する法律」（PFI法）法が成立し、これにより水道施設を含む公共施設の建設、維持管理及び運営に関して、民間の資金やノウハウの活用が可能になった。具体的な事例としては、朝霞浄水場・三園浄水場常用発電設備等整備事業（BOO契約）、寒川浄水場廃水処理施設更新等事業（BTO契約）などがある。しかし、いずれの事例も「水処理の後工程の汚泥処理」や「発電事業」などであり、主要な工程をPFIで実施している事例はないというのが現状である。

　続いて、2002年の改正水道法の施行によって、今まで部分的、限定的に行われていた水道事業の業務委託について、水道の管理に関する技術上の業務について包括的に行うことができるようになり、民間企業においても浄水場の維持管理業務などを包括的に受託することが可能となった。例えば、最近では、メタウォーター等5社が出資した有明ウォーターマネジメントが、福岡県と熊本県にある浄水場の運営・管理を行っている。これ以外でも、古くは2002年から、群馬県太田市の浄水場の維持管理や神奈川県横浜市の馬入川系統共用施設の維持管理、また広島県三次市の浄水場の維持管理業務などを民間企業が行っている。

ただし、その実施例が少なく、かつ、それらは上水道事業全体を行っているわけではない[3]。

ちなみに、2009年3月末時点で水道事業の「第三者への業務委託」(厚生労働省認可事業)は27件しかない。その最大の理由としては、100年以上、官が経営してきた上下水道事業を、経験のない民にすべて任せていいのかという心理的な抵抗の存在があるからだと思われる。

一方、行政のコスト削減、合理化等の社会ニーズが大きいのも事実である。ただし、完全民営化を行うとなると、民間が施設を所有することとなり、浄水場、道路下の管路、すべての土地は固定資産税支払いの対象となってしまい、経営を逼迫させるコスト要因となってしまう。一方、料金収入のみでは水道事業の必要な経費をカバーできなかったため、多くの地方公共団体には、巨額の起債残高が存在する。民間企業が上水道事業を経営する場合は、この負の遺産も引き継がなくてはならない可能性もあり、そのような場合、参入当初から収益を上げるのは難しいこととなる。

したがって、日本で水道事業の完全民営化を促進させるためには、官が過去の負債を整理することが前提になってくる。そのようななか、フランスではその問題を解決するために、リース（アフェルマージュ）契約を行っている。すなわち、インフラ所有の権限は公的部門に残したうえで、事業・現業部分を民間企業に委ねるかたちでの、公設民営型の上下水道事業民営化を行っているのである。

一方、民営化でバラ色の未来が開けるとは限らない。海外では、民営化した後に、民間企業が料金の値上げを繰り返し、料金の支払いが滞ると水の供給を止めるという例も多く見られる。その結果、ボリビアのコチャバンバの事例のように、抗議行動が起き、時の政府が中心となって公営化に戻す例も見受けられる。よって、サステナブルな水供給という意味でも問題となっている。

これらさまざまな水道の民営化のメリット、デメリットを考慮に入れても、産業界は今後の水道の民営化市場に対して期待感を持っている。そして、水ビジネス会社各社が、同業他社あるいは異業種の会社と組み、維持管理会社等を設立している例が見受けられる。例えば、荏原製作所と日本上下水道設計、栗本鐵工所などが組み、ジェイ・チームを設立しているし、三菱商事は日本ヘルス工業と組み、ジャパンウォーターを設立している。

## （3）日本の上水道事業の問題点は何か

①地域による料金差

　水道事業は、前述のとおり、受益者負担の観点から独立採算制で運営することとなっている。その結果、水は比較的、公共性の高い商品であるにもかかわらず、料金のばらつきが大きいものとなっている。例えば、一般家庭（水道口径13mm）が月に20$m^3$使用した場合の料金は、最高と最低で9倍近い格差がついている。すなわち、水源をどこから調達することによって料金が大きく違ってくるのである（『週刊ダイヤモンド』2007年7月21日号）。

　自前の地下水等の水源があれば、単価は下がるし、一方で、他の市町村により経営される地方公営企業から調達するとそれ相応の料金の上昇は避けられない。加えて、長期的な水源を確保するためにダム等の投資をしたというような場合には、価格に大きな影響が出てくる。

　表4-2の酒田市松山地区は、田沢川ダムからの水を浄水場や排水場に運ぶ送水管設置などのインフラ整備を行い、その結果、価格が高くなってしまった例である。

②水利権

　日本では、「水利権」も大きな問題である。水利権とは、河川等の水

**表4-2　家庭用水道20㎥当たり最高・最低料金**

| | 最高 | | | | 最低 | | |
|---|---|---|---|---|---|---|---|
| 順位 | 地区名 | | 料金（円） | 順位 | 地区名 | | 料金（円） |
| 1 | 酒田市松山地区 | 山形県 | 6,132 | 1 | 富士河口湖町 | 山梨県 | 700 |
| 2 | 池田町 | 北海道 | 6,121 | 2 | 赤穂市 | 兵庫県 | 714 |
| 3 | 上天草市大矢野地区 | 熊本県 | 6,090 | 3 | 小山町 | 静岡県 | 913 |
| 4 | 夕張市 | 北海道 | 6,048 | 4 | 富士吉田市 | 山梨県 | 1,024 |
| 5 | 羅臼町 | 北海道 | 5,980 | 5 | 秦野市 | 神奈川県 | 1,050 |
| 6 | 武雄市武雄地区 | 佐賀県 | 5,953 | 6 | 黒部市 | 富山県 | 1,081 |
| 7 | 多久市 | 佐賀県 | 5,880 | 7 | 長泉町 | 静岡県 | 1,100 |
| 8 | 羽幌町 | 北海道 | 5,850 | 8 | 白浜町 | 和歌山県 | 1,123 |
| 9 | 村山市 | 山形県 | 5,754 | 9 | 忍野村 | 山梨県 | 1,155 |
| 10 | 上島町 | 愛媛県 | 5,743 | 10 | 草津町 | 群馬県 | 1,176 |
| | | | 全国平均 3,056 円 | | | | |

（注）消費税・メーター使用料金含む。2006年4月1日現在。
（出所）『週刊ダイヤモンド』2007年7月21日号。

　を排他的に取水して利用するための河川法に基づく権利のことである。この水利権は河川の正常な流れに影響を与えない範囲で認められており、安定して流れる水量を上回る余裕分の利用が認められているのに過ぎない[4]。

　また、水利権の優先順位は権利の成立順で、現実には、長年の慣行に基づく慣行水利権を基本としているため、昔、利用されていた農業用水に与えられているケースが多い。したがって、河川の水利権のほとんどが、農業用水の取水量だけで余裕分を使い果たしてしまうのである。つまり、河川から今日的に必要な上水や工業用水などを取水するには、新たに上流にダムを作って貯水し、流量を調整しなければならない。その工事費や施設維持費などは利用者の負担となり、料金に跳ね返ってしまうこととなる。

## 図4-3 全国の水使用量

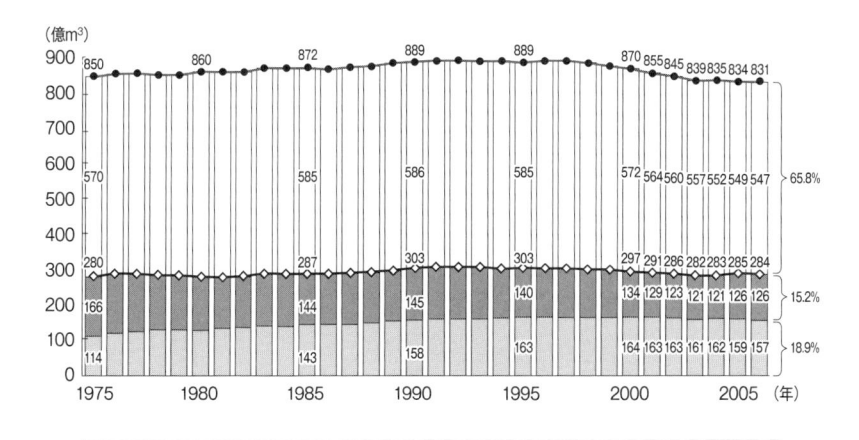

(注) 1 国土交通省水資源部の推計による取水量ベースの値であり、使用後再び河川等へ還元される水量も含む。
2 工業用水は従業員4人以上の事業所を対象とし、淡水補給量である。ただし、公益事業において使用された水は含まない。
3 農業用水については、1981～1982年値は1980年の推計値を。1984～1988年値は1983年の推計値を、1990～1993年値は1989年の推計値を用いている。
4 四捨五入の関係で合計が合わないことがある。
(出所) 国土交通省　土地・水資源局水資源部 [2009]。

　農業用水がすべて有効に利用されていればいたしかたがないが、本当にそうなのか疑問に残る部分もある。図4-3の2006年の「全国の水使用量」を見ると、農業用水が65.8％、生活用水が18.9％、工業用水が15.2％となっている。ただし、この統計は取水量ベースの値であり、使用後再び河川等へ還元される水量も含んでいる。すなわち、全国各地で減反や耕作放棄が増大して、農業用水に余剰があり、何も使われずにそのまま河川等に還元されている量が正確に把握できていないのである。むしろ、その量のほうが非常に多いといわれている。

　現在、水利権に規定されている取水量と実態との乖離を踏まえ、水利権を見直すことにより、これまで余分に権利を付与されていた者から水

利権を得ることは可能である。しかし、実態は多くの権利調整が必要であり、余った農業用水を上水や工業用水に転用するハードルは非常に高い。仮に柔軟でシステマティックに転用ができれば、上水や工業用水等の大幅なコスト削減につながる可能性が高い。

③更新投資

　水道施設は1970年前後の高度成長期に整備されたものが多い。今後、法定耐用年数に達した施設が次々と更新時期を迎える。水道施設の半分を占める管路や基幹施設である浄水施設など、年間約5000億円程度の更新が見込まれており、その資金調達が重要な課題となっている。前述のとおり、基本的に、水道事業は受益者負担を背景に料金収入でこれら更新投資を賄わなければならないので、着実な更新投資を行うとすると、料金値上げは避けられない。

　一方、水道施設の耐震化率が極めて低いため、大地震に備えて、計画的に耐震対策も行わなければならず、さらなる投資も必要だというのが現状である。

# 2 　下水道ビジネス

## （1）下水道とは何か[5]

　下水処理水は、2006年度には全国で2076の下水処理場から約143億$m^3$/年が発生し、農業集落排水の処理水については、2007年度には約3億$m^3$/年が発生していると推計されている。

　また、下水道普及率（下水道利用人口／総人口）は2009年3月現在で72.7％とかなりの水準となっているが、先進国としては低い水準であり、地域格差も大きい。

## 図4-4 下水道事業の概観

下水道は主に3つの施設でできている。
下水を集めるので流す**下水管**。
下水道管が深くなりすぎないように途中で下水をくみ上げる**ポンプ所**。
下水を処理してきれいな水によみがえらせる**水再生センター**。
どの施設も正しく働くように日々点検、清掃、補修などを行っている。

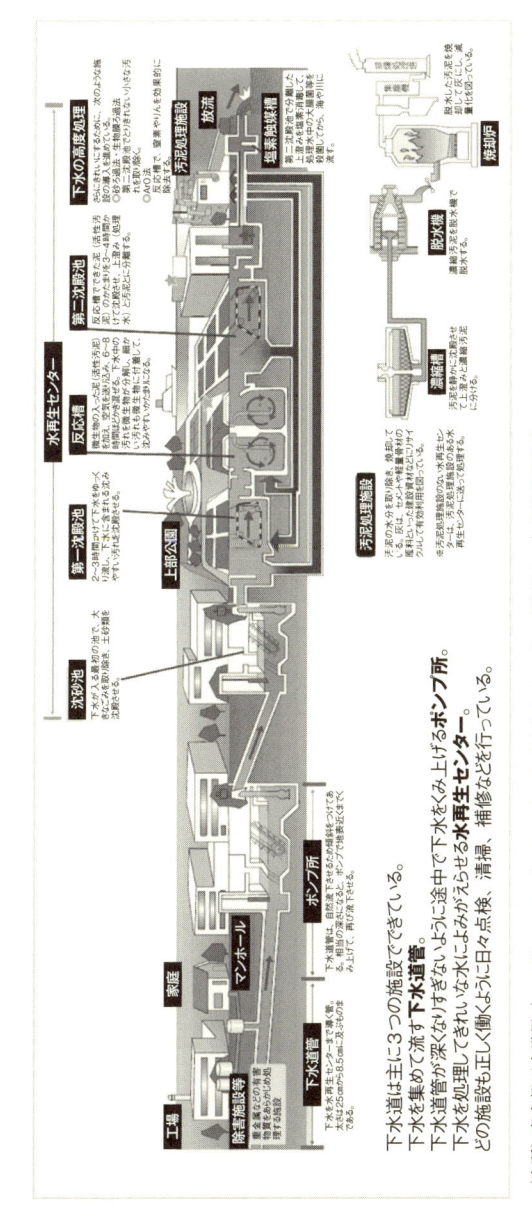

(出所) 東京都下水道局〈http://www.gesui.metro.tokyo.jp/odekake/syorijyo/03_01.htm〉を筆者が修正。

第4章 上水道、下水道ビジネス

まず、標準的な下水道事業を考えてみよう（図4-4）。下水道は主に3つの施設でできている。

　まずは、下水を集めて流す下水道管である。次に、下水を集める一般的な方法は自然流下式であるため、下水道管が深くなり過ぎないように下水を途中でくみ上げるポンプ所が必要となる。

　最後に、下水を処理してきれいな水によみがえらせる水再生センターである。この水再生センターは、沈砂池、沈殿池、反応槽などから構成されている。特に反応槽は、微生物の入った泥（活性汚泥）を加え、空気を送り込みかき混ぜ、下水中の汚れを微生物に分解させるなどの重要な役割を果たしている。また、水再生センターの下水をきれいにする過程で汚泥が大量に発生するため、汚泥処理施設も別途作らなければならない。

　これらの下水道施設も上水道施設と同様に、企業間で技術面での差異は見出しにくい。したがって、特に海外においては、仮に総合評価として価格以外の技術等の要因を考慮しても、入札価格が左右することとなる。

　再生利用の方式には、自然の循環系とかかわりを持つことなく直接再利用される閉鎖系循環方式と、処理水がいったん河川に排水されて河川水と一緒に利用する開放系循環方式に区分される。

　閉鎖系循環方式としては、過半数の下水処理場において処理工程における洗浄水等として下水処理水の場内再利用が行われるとともに、処理水を処理場外に送水して雑用水、環境用水、融雪用水など各種の用途に再利用されている。下水処理水の用途別再利用の状況は、表4-3に示した。

　閉鎖系循環方式の具体例として、永田町及び霞が関地区の下水処理水の活用例がある。これは、芝浦再生水事業所における下水処理水の一部をオゾン・膜ろ過等で高度処理し、永田町及び霞が関地区の3施設をは

**表4-3 下水処理水の用途別再利用の状況（2006年度）**

| 再生利用用途 | 処理場数 | 再利用量<br>（万 m³／年） | 割合 |
|---|---|---|---|
| 1. 水洗トイレ用水（中水道・雑用水道等） | 53 | 676 | 3.5% |
| 2. 環境用水 | | | |
| 　1）修景用水 | 100 | 5,215 | 27.0% |
| 　2）親水用水 | 25 | 520 | 2.7% |
| 　3）河川維持用水 | 9 | 6,295 | 32.5% |
| 3. 融雪用水 | 40 | 3,480 | 18.0% |
| 4. 植樹帯・道路・街路・工事現場の清掃・散水 | 151 | 49 | 0.2% |
| 5. 農業用水 | 29 | 1,143 | 5.9% |
| 6. 工業用水道へ供給 | 2 | 279 | 1.4% |
| 7. 事業所・工場への供給 | 48 | 1,694 | 8.8% |
| 計 | 286 | 19,351 | |

(出所) 国土交通省　土地・水資源局水資源部［2009］。

じめ、品川東地区の19施設、大崎地区の7施設、汐留地区の16施設のビルのトイレ用水及びヒートアイランド対策の道路散水として活用するというものである（図4-5）。

　次に、開放系循環方式を見よう。開放系循環方式のうち、特に下水処理場の上流へ送水するかたちで下水処理水を再利用する事業は、現在、荒川調節地総合開発や那珂川・御笠川総合開発の2カ所が完成している。また、多くの地区の農業集落排水施設についても、処理水が農業用排水路や貯水池等に放流後希釈され、農業用水として再利用されている。

　また、下水道等の排水処理施設は、雨水の排除と汚水の収集・処理の2つの機能に大別される。雨水の排除に要する費用は公共費により弁済されるが、汚水の収集・処理に要する費用は、高度処理等が必要なた

### 図4-5　芝浦水再生センターの下水処理水の活用例

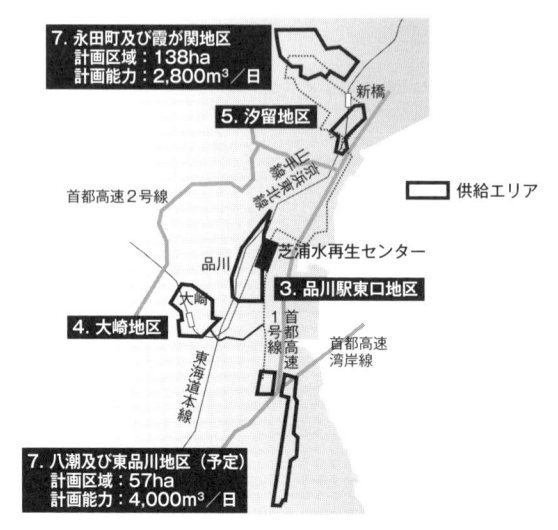

(出所)東京都下水道局〈http://www.gesui.metro.tokyo.jp/jigyou/saiseisui/shibaura-kyokyu.html〉。

め、料金として徴収されるのが原則となっている。なお、下水道における汚水処理原価（汚水処理費を年間総有収水量で除した値）は、2007年度において全国平均で173.76円/m$^3$であり、前年度（179.88円/m$^3$）に比べ3.4％低下している。

用途別の下水再生水（再生水のうち、下水処理水を再利用する水）の利用割合は、水洗トイレ用水が0.14％、融雪用水が3.34％、農業用水が0.02％、工業用水が0.15％といずれも極めて低く、今後、各用途における利用の拡大の余地があると考えられる（図4-6）。

ただし、下水再生水の利用推進にあたっては、コスト高のほか、下水再生水利用が有効な地域や用途等の条件などの情報が整理されていないこと、用途によっては安全性評価方法が明確でないことといった課題がある。

**図4-6　下水再生水利用の現状（下水再生水の用途別の利用割合）**

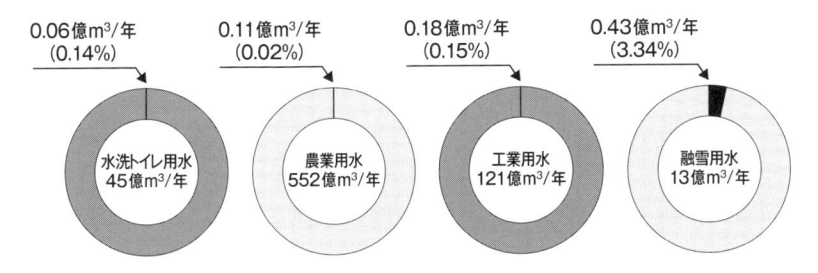

0.06億m³/年　　0.11億m³/年　　0.18億m³/年　　0.43億m³/年
(0.14%)　　　　(0.02%)　　　　(0.15%)　　　　(3.34%)

水洗トイレ用水　　農業用水　　　工業用水　　　融雪用水
45億m³/年　　　552億m³/年　　121億m³/年　　13億m³/年

（注）下水処理水の再利用量（平成17年度）：国土交通省下水道部、目的別家庭用水使用量の割合（トイレ28%）：東京都水道局調べ。
全国の水使用量等：「平成19年版日本の水資源」より国土交通省水資源部で算出。
（出所）国土交通省　土地・水資源局水資源部［2008］。

したがって今後、実証実験の推進、安全性評価方法の確立、さまざまなケースに対応した費用負担の確立等を行う必要がある。

### (2) 下水道の民営化の実態はどうなっているのか

2001年に国土交通省から発行された「性能発注の考え方に基づく民間委託のためのガイドライン」では、民間事業者に対して施設管理に一定の性能（パフォーマンス）の確保を条件として課しつつ、運転方法などの詳細については民間に任せる性能発注方式（包括的民間委託）を推奨している。

その性能発注方式（包括的民間委託）に至った経緯を見るため、以下に「都市計画中央審議会基本政策部会下水道小委員会報告（2000年12月14日）の文章を引用する。

下水道整備が進み、管理すべき施設ストックが増大するにつれて、その維持管理費は着実に増加しており、今後、普及率が向上するにつ

れて維持管理費はさらに増加していくと予想される。今後は下水道の供用開始都市の大半を中小市町村が占めることとなるが、こうした都市では、一般に財政面、組織面の基盤が弱いケースが多いうえに、下水道経営の中で、維持管理の質を確保しつつそのコストを縮減し、効率的に維持管理を行うことは、地方公共団体の厳しい財政状況にかんがみても、現下の緊急課題の1つである。

　現在、維持管理コストの主要部分を占める処理場の維持管理は、おおむね9割近くの部分が民間に委託されているが、日本では決められた人員の配置等を求める等、あらかじめ定められた仕様に基づき民間への委託がなされている傾向がある。この場合、仕様の遵守を求められる結果、経費削減のインセンティブが民間に働かなかったり、委託者・受託者間の責任分担が曖昧であることから民間からの業務改善に関する提案の結果が採用されにくかったり、採用されてもその効果が民間に還元されなかったりするケースも多く、業務の効率化が進みにくい傾向にある。

　一方、欧州諸国は一般的に、民間事業者に対して施設管理に一定の性能（パフォーマンス）の確保を条件として課しつつ、運転方法等の詳細については民間に任せる性能発注方式（包括的民間委託）を採用している。そこで、日本でも、下水処理のサービスの質を低下させることなく効率性を向上させる1つの選択肢として、民間事業者の有する技術力や専門性を有効に活用するために、性能発注の考え方に基づく民間委託の実現を目指すため、「性能発注の考え方に基づく民間委託のためのガイドライン」を策定したのである。

　その後、2004年に「維持管理における包括的民間委託の推進」という通達が国土交通省から出され、分割委託から包括委託へ、事細かに指示を出す仕様発注から、民間側の裁量幅の大きい性能発注へと動き出し

ている。

　次に、上水道事業と下水道事業との民営化の違いについて言及する。まず、資金負担の考え方の違いからそれぞれの民営化の考え方にも違いがでてくる。上水道事業は、受益者負担の原則から、基本的には、水道料金の枠内で設備投資やオペレーションとメンテナンスの経費等すべてを賄うこととなっているため、民営化になじみやすい。一方、下水道事業は、家庭や工場、事業場から排出される下水以外に雨水を処理しているため、料金収入以外に国費や地方公共団体の経費が投入されているため、上水道事業と比較して、公的関与が大きくなってしまう。

　また、水道法と下水道法の違いにより民営化の考え方に違いが出てくるのである。上水道事業の場合は上水道事業者である地方公共団体が、浄水場の運転管理等を包括的に第三者に委託しようとする場合、これらの法的義務を伴う委託が2002年に施行した改正水道法以前では想定されていなかったため、水道法を改正し、水道事業者による第三者への業務委託の制度化を行った。

　一方、下水道法では、終末処理場の運転管理等の事務の包括委託は、現行法の枠組みで可能であるため、従来から、頻繁に行われてきた。今次、「性能発注の考え方に基づく民間委託のためのガイドライン」を策定したのは、民間委託の効率性をよりあげるため、その基本的な指針を示したものと考える。

### (3) 日本の下水道事業の問題点は何か
①汚泥処理

　下水を処理すると大量の汚泥が発生する。これら汚泥は、以前は、主に海洋投棄されてきた。しかし、ロンドン条約の批准により、日本国内でも廃棄物処理法が改正され、2007年4月から公共下水道から除去した汚泥の海洋投棄が全面禁止された。その結果、下水汚泥は全量陸上で

処理せざるをえなくなってしまった。

　現在では、多くの下水汚泥は産業廃棄物として埋め立て処分されているが、産業廃棄物の埋立用の最終処分場は不足してきており、産業廃棄物の不法投棄事件の投棄物の多くに下水汚泥が見られるようになった。

　その対策として焼却や焼却による灰をコンクリート原料である砂の代用品として使う例もある。また、溶融スラグ化してブロックなどの製品を製造する例も見られる。さらに、コンポスト化して肥料として有効利用する例も見られる。ただし、これらの商品に関しては、クオリティの面で他類似製品に劣るケースがあるほか、需要がそれほどなかったり、価格が高かったり、まだ乗り越えなければならないハードルも高い。

　そのようななか、国土交通省は、2005年度から「下水汚泥資源化・先端技術誘導プロジェクト」（Lead to Outstanding Technology for Utilization of Sludge Project: LOTUS Project）を開始し、2008年1月までに7つの提案技術の技術評価を完了し、技術評価書及び技術資料を発刊している。

　本プロジェクトでは、廃棄処分するコストよりも安いコストで下水汚泥のリサイクルができる技術を開発する「スラッジ・ゼロ・ディスチャージ技術」を3件、下水汚泥等のバイオマスエネルギーを使って、商用電力価格以下のコストで電気エネルギーを生産できる技術を開発する「グリーン・スラッジ・エネルギー技術」を3件、それらを融合した技術を1件開発している。これらの技術を参考にしつつ、熊本県の熊本北部浄化センターでは、炭素成分をメタンガスに変換したバイオガスを利用して、発電を行っている。

　また、Jパワーは広島市と協力して下水処理場の下水汚泥を効率的に炭化する技術を確立した。現在、広島市の下水汚泥の一部を専用プラントで燃料に転換し、近隣のJパワーの竹原火力発電所に供給している。

　他方、世界的にリン資源が枯渇するなか、日本はそのほぼ全量を輸入

に頼っている一方、リン資源はアメリカ、中国、モロッコに偏在している。このようななか、下水汚泥に含まれるリン回収が脚光をあびるようになってきた。最近、東京都は、月島機械やメタウォーターなどの民間企業と組み、下水からリンを回収する技術の研究開発を始めた。現在でも下水からリンを抽出する技術は存在するが、今後の課題としては、採算性の合うリン回収技術を確立することである。

②下水道普及率の上昇

下水道の整備は地方公共団体の財政事情や地形的特質に大きく影響されるため、地域格差が大きい。例えば、都道府県ごとの普及率を見ると、東京都や神奈川県が95％以上であるのに対して、和歌山県と徳島県は10％台である。また、市町村ごとに見ると人口規模が小さいほど普及率は低く、10万人以下で全国平均を下回っている。一般的に、下水道は、汚水と雨水を同じ水路で集める合流式と別の水路で集める分流式がある。前者は比較的早い時期に整備されたケースが多く、最近では後者が主流となっている。いずれにしても、前述のとおり、雨水等の処理があるため、国や地方公共団体が一定の負担をしている。最近では、地方公共団体の財政基盤が弱く、特に、小規模な市町村がその傾向が著しいため、結果として下水道普及が進んでいない。

# 3 上水道、下水道ビジネスの将来展望

## (1) 国内の上水道、下水道ビジネスを活性化するためには

第1節、第2節で見てきたように、現行法の枠組みの中でも国内の上水道、下水道ビジネスの参入が可能となっている。にもかかわらず、その民営化ははかばかしい進展が見られない。それには、官民の双方の側

に理由がある。まず、官の側について考えてみよう。

　上水道の場合、その理由としてまず考えられるのは、必ずしも市場メカニズムに基づいて再配分されていない「水利権」の問題が挙げられる。「水利権」が柔軟でシステマティックに他の用途に転用できるようなシステムを作れば、現行よりも低コストで効率的な上水道ビジネスを作り上げられると思われる。

　また、第1節で指摘したとおり、官が経営してきた上水道事業を、経験のない民に任せてもいいのかという心理的な要因も挙げられる。そのため、地方公共団体は上水道の管理に関する技術上の業務についての包括的民間委託ができるにもかかわらず、部分的な委託にとどめたり、短期間の契約にとどめるケースが多い。民間企業も短期間の契約となると、長期的な投資を考えずに短期的な収益を考えるビジネスモデルを考えてしまうのである。

　上記をスイッチング・コスト（乗り換えコスト）の概念をもとに考えてみよう。スイッチング・コストとは、契約を受けて事業を開始する際に発生するコストのことをいう。実態を簡略化するため、1年契約と10年契約の委託について考えてみよう。1年契約の委託であれば、スイッチング・コストが高いと仮定すると、発注者もスイッチング・コストを加味して発注せざるをえなくなり、発注者の支払い経費が高くなってしまう。その結果、民間委託したとしても非効率なものとなってしまう。一方、受託側も1年間で採算を取るため、新規投資を必要最小限しか行わない可能性が高い。一方、10年契約とすると、スイッチング・コストが高くても、10年間継続して業務が継続することができるため、スイッチング・コストも10年間で平準化され、発注者の支払い経費を低く抑えることが可能になる。一方、受託者も10年間自らが受託業務を実施するという確実性があるため、さらに施設を効率的にしようとして施設投資を行うインセンティブが増していくのである。ここでは上水道

の受託期間を長期化すべきとの話をしたが、下水道も同様に受託期間の長期化が必要である。

また、今まで、結果として、上下水道の委託が一部委託にとどまっていたため、「規模の経済」や「範囲の経済」を追求しにくくなっている。すなわち、小規模であれば、設備導入に応じた十分な需要があるか吟味しなければならず、採算性に乗せるのに苦労するが、大規模に行うのであれば結果として投資に見合う採算性がよくなる「規模の経済」が働きやすくなる。また、オペレーションだけでなく、メンテナンスも施設建設もとさまざまな業務を請け負うことにより、結果として効率性を高める「範囲の経済」も働きやすくなるのである。それを達成するためには、上下水道事業の広域化は避けて通れない道であると考える。

さらに、上水道では、包括的民間委託の範囲を「水道の管理に関する技術的な業務」に限定せずに、水道事業の経営そのものも対象にすべきであるが、それは、前述の「水利権」が柔軟でシステマティックに他の用途に転用できるようなシステムの構築や「規模の経済」や「範囲の経済」が働きやすくなる大規模化を促す制度設計が行われ、民間委託の長期契約が可能となったうえで次のステップとして行うべきものであろう。

最後に、上水道、下水道の関連施設を民間が所有するとなると固定資産税が課されることとなるし、現行の上下水道については、巨額な起債残高が存在し、それも処理しなければならないという問題点もある。

一方、民間側の大きな問題として2点ある。第1点は、民間事業者の高コスト体質である。過去のある時期、上下水道事業は公共事業の最たるものであり、官側は必ずしもコストダウンに強い関心がなかったため、諸外国と比較して、利益が十二分にでる一方、高コスト体質になってしまったのである。さらに、業界の共存共栄を図るため競争原理が働きにくく、必ずしも、民営化したとしても、一般に民営化の利点といわ

れている低コスト化や効率性を必ずしも享受できないシステムとなっている点である。

次の問題点としては、包括的民間委託を受けるような企業体が存在しないことである。最近、前述のとおり、異業種の融合体の維持管理会社であるジェイ・チームやジャパンウォーターができているが、上下水道事業をすべて包含する事業体とは必ずしもいいがたい。このようなケースは、どちらが鶏か卵かという議論になる可能性もあるが、上述の、「規模の経済」や「範囲の経済」を加味した、強力な異業種の融合体である上下水道ビジネス会社の設立が求められる。

### （2）海外の上水道、下水道ビジネスを活性化するためには

海外の上水道、下水道ビジネスに重要なのは、まずは、進出地域のニーズを正確に把握して、そのニーズに明確に答えられるソリューションを提供することが重要である。日本企業は、一般的に、技術に自信があり、最先端技術を駆使した高度で高コストなシステムを提供する傾向にあるが、地域によっては、最先端の技術でなくても低コストのシステムを要求する場合もある。それらニーズを的確に把握したソリューション提供が必要である。そのために日本企業が欠けている点は以下の3つである。

第1に、このようなニーズに応じたソリューションを提供できる企業体が存在しないことにある。国内の上水道、下水道ビジネスでも指摘したが、日本では部分的な業務委託が中心であったため、ある一分野では対応できるが、需要者のニーズに応じた包括的民間委託を受注できる企業がほとんどない。これは、本節（1）で言及した趣旨と同様であるが、海外展開のために、「規模の経済」や「範囲の経済」を加味した、強力な異業種の融合体である上下水道ビジネス会社の設立が求められる。

第2に、これも本節（1）においても指摘したが、日本の上下水道事

業は高コスト構造となっており、海外企業とコスト面で戦える競争力を持っていない。技術がよければ多少コストが高くても受注できるという考えは通用しない。競争原理が働きにくい市場で醸成されたコスト意識のなさが民間企業にもまだ存在しており、そのような体質を改善しない限りは海外受注は見込めない。言い換えれば、日本の上水道、下水道ビジネスは、ガラパゴス化した日本にあったから通用したのであって、その技術、システムをそのまま海外に持ち込んだからといって入札に勝てるものではない。この点に関しては、強烈な改革意識を持ち、自らが変わらなければ、海外受注は見込めない。

　第9章でも指摘するが、政府や産業界においても、日本の水ビジネス企業の海外展開を積極的に推進する動きがでてきている。具体的には、水ビジネスの国際展開に向けて、今後成長が見込まれるオペレーションとメンテナンス分野やエンジニアリングを含めた市場へ参入するための組織構築、すなわち、水ビジネスの海外展開のためのプラットフォームづくりを進めるため、2008年11月、経済産業省の協力のもと、産業界が中心となって海外水循環システム協議会が創設された。

　また、国土交通省が中心となって、下水道事業の海外展開を促進するため、2009年4月、下水道グローバルセンターが設立された。一方、財団法人日本水道工業団体連合会は、国内外の水道施設、飲料水施設の建設、経営に参画し、国内外に水ビジネスを展開するため、2008年10月、「チーム水道産業　日本」を設立した。これらの動きは、それぞれスタンド・アローンであるべきではなく、それぞれが連携しあいながら、相乗効果を生み出すべく努力すべきである。

　第3に、第2点とは逆説的であるが、日本のよい技術の活用にある。今まで述べてきたとおり、世界は水に関しては需給ギャップが大きく、過少な供給に対して、需要が過大であることが問題として挙げられる。このようななかにおいて、第1章で指摘した日本の強みである省水化技

術や再生水利用技術を活用した省水型・環境調和型水循環システムは非常に有効であると思われる。これらをうまく活用したシステムを海外に提供する方策を考えるべきである。

　具体的には、日本企業は入札条件が提示されてから、その条件に応じてどのようなシステムを提供しようか考えるが、今後は、入札条件を発注者のニーズに応じて提案していくことが必要と考える。一般的な条件を付しただけの価格入札に終わらずに、例えば、省水型・環境調和型水循環システムを導入したような性能スペックを用いた入札条件とすれば、発注者にもメリットとなるし、日本企業にもメリットになる。このような活動についてはコンサルティング・ファーム等を活用して行うべきである。

　一方、現在、日本では、「オペレーションとメンテナンスの経験が民間企業にないから、海外のビジネスに参入できない」という声を聞くが、それは正しくない。前述のとおり、部分的にではあるが、民間企業はさまざまなオペレーションとメンテナンスの経験を持っているのである。また、第10章でも指摘するが、日本企業の中には、すでにオペレーションとメンテナンスを含む上水道事業を受託して成功している例もあるのである。この論者は、できない理由を挙げて行動を起こしたくないとしか思えない。競争原理が働きにくい市場に安住せず、リスクをとって、海外進出を行わなければ日本企業に明日はない。

【注】
（1）国土交通省　土地・水資源局水資源部［2009］を参考にした。
（2）PFIは、「公共施設の建設、維持管理、運営等を民間の資金、経営能力及び技術的能力を活用して行う新しい手法」（日本政策投資銀行フランクフルト駐在員事務所［2005］）と定義される。
（3）2002年の改正水道法は、委託の対象を「水道の管理に関する技術上の業務」としており、水道事業の経営そのものの委託を可能としているわけではない。

（4）水利権は、通常、10年程度の水需要に基づく必要量の最大値に対して権利が設定されている。許可に当たっては、必要水量が妥当であることや、他の利水者や河川の維持流量等に支障を与えずに安定的に取水するための水源が確保されていることが要件となる。
（5）国土交通省　土地・水資源局水資源部［2009］を参考にした。

# 第5章
# 水売りビジネス

◎**本章の内容**

　半導体産業など高純度の水を必要とする企業に対して、その企業のスペックに合わせて水を供給するビジネス、いわゆる「水売りビジネス」が脚光を浴びている。栗田工業、オルガノなどのビジネスモデルである。最近、国内で有名な例としては、シャープの亀山工場に超純水を供給している栗田工業の例が挙げられる。また、海外でも日本の半導体企業の進出が著しく、それに呼応するように「水売りビジネス」の海外展開も見られるようになってきた。そもそも「水売りビジネス」とは何だろうか。第5章では、その概念と今後の展望について考えてみる。

# 1 水売りビジネスとは何か

「水売りビジネス」は、コラム1で記載するとおり「環境ソリューションビジネス」一類型である。ただし、「水売りビジネス」といっても、単に普通の水道水レベルの水質の水や工業用水レベルの水質の水の供給は、現段階では、地方公共団体が供給しているのが主流であり、差別化が難しいため、新たに参入するうまみがあまりない。「水売りビジネス」の対象は、工場、事業所が必要とする高品質な水の提供である。特に、超純水の供給が、現在の「水売りビジネス」のほとんどといっても過言ではない。

まず、超純水（Ultra Pure Water）の説明をしよう。超純水は、時代の変遷とともに、その純度の基準が向上しており、現在では溶存塩類や不純物が全くといっていいほど含まれていない水のことである。

その用途としては、微小なごみも許されない半導体ウェハや液晶表面の洗浄用水、医療・製薬産業の精製水・注射用水等である。他方、ボイラーなどに使用される純水は、溶解する電解質（イオン）や酸素を取り除いたものだが、超純水は、イオンや酸素だけではなく、有機物、生菌、微粒子も除去し、温度も制御された水のことをいう。すなわち限りなく$H_2O$に近い水である。また、現在の超純水中の不純物量は、その単位が$\mu g/L$（1L中に$10^{-6}g$）、イオン類は$ng/L$（1L中に$10^{-9}g$）であるという。特に、$ng/L$は、東京ドーム124万$m^3$一杯の水に角砂糖1個分の不純物が含まれているレベルである。

なお、微細な集積回路を洗浄した結果、その回路の中に少しでも不純物が残っていると、回路パターンを短絡する可能性があるため、洗浄に使用する超純水の水質が非常に重要になってきている。すなわち、製品

の歩留まりに大きく影響する極めて重要なファクターとなってきているのである。

> **コラム1**
> **環境ソリューションビジネスとは何か**

　日本企業は「ものづくり」に強みがあり、それぞれ単体としては世界最高の技術レベルを有している。これは、環境・エネルギー分野でも例外ではない。一方、日本企業は製品・技術の機能・効用を活用して顧客ニーズに応えるサービスの提供について比較優位がないのも事実である。しかし、日本が経済成長を持続するためには、さらに高度な環境・エネルギー技術を開発するとともに、その技術を活用し、環境負荷低減、コスト削減等のきめ細かな顧客ニーズに対応するサービス分野の競争力を強化することが必要不可欠である。そのためには、多様なハードとソフトの融合により個別技術・ノウハウをシステム化し、付加価値の高いサービスを提供する「環

**図1　「ものづくり」から「ソリューションサービス」へ**

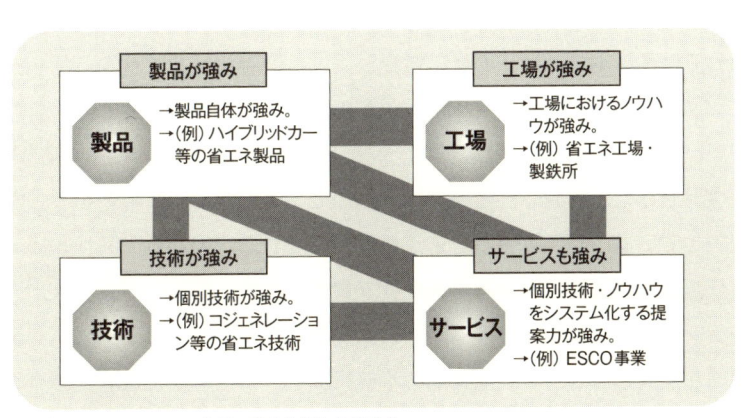

| | 製品が強み | 工場が強み |
|---|---|---|
| **製品** | →製品自体が強み。<br>→（例）ハイブリッドカー等の省エネ製品 | |
| **工場** | | →工場におけるノウハウが強み。<br>→（例）省エネ工場・製鉄所 |
| | **技術が強み** | **サービスも強み** |
| **技術** | →個別技術が強み。<br>→（例）コジェネレーション等の省エネ技術 | |
| **サービス** | | →個別技術・ノウハウをシステム化する提案力が強み。<br>→（例）ESCO事業 |

（出所）環境ソリューション・ビジネス研究会報告書より抜粋。

**図2　あかり安心サービス**

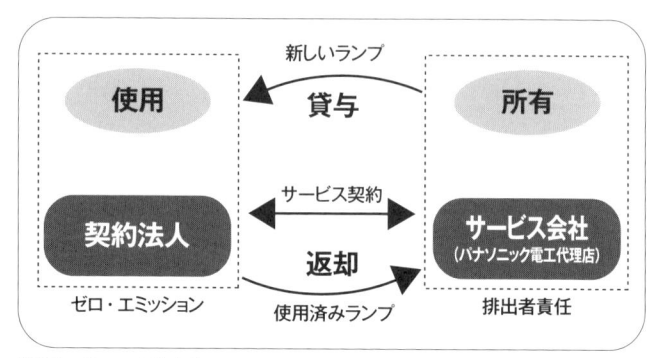

```
使用 ← 新しいランプ 貸与 →  所有
契約法人 ← サービス契約 → サービス会社
         返却             （パナソニック電工代理店）
         使用済みランプ
ゼロ・エミッション        排出者責任
```

（出所）パナソニック電工〈http://denko.panasonic.biz/Ebox/akarianshin/akari_01.html〉をもとに作成。

境ソリューションビジネス」の強化を図ることが重要である。

　すでに「環境ソリューションビジネス」は、さまざまな実例がある。例えば、パナソニック電工のあかり安心サービスもその1つである。パナソニック電工では、蛍光ランプを大量に使用する工場やオフィスビル等の事業者を対象として、蛍光ランプを販売せずに、蛍光ランプから発する「あかり」という機能を提供する「あかり安心サービス」を2002年4月から開始している。同サービスでは、蛍光ランプは同社の「あかり安心サービスセンター」が所有し、使用状況の予測に基づく月額固定料金で期間契約を結び、期間中に寿命に達した蛍光ランプについては、月額料金の範囲内で交換分を届け、回収した蛍光ランプは、センターが排出業者として、委託契約している中間処理会社で適正処理が行われる。顧客は、同サービスにより一斉点検の際にかかる蛍光ランプ費用を分散・定額化できるほか、蛍光ランプの廃棄時中間処理業者との契約や産業廃棄物マニュフェスト管理業務が不要となり、産業廃棄物の不法投棄といった廃棄物管理をめぐる環境リスクを削減することができる。

また、ESCO（Energy Service Company）事業も「環境ソリューションビジネス」の1つである。ESCO事業は、省エネルギー設備の販売を行うのではなく、性能保証付きの省エネルギーサービスを提供するビジネスである。すなわち、サービスを提供する会社は、省エネルギーの提案、施設の提供、維持・管理など包括的なサービスを行い、軽減した電気代などの光熱費、水道料金から一定割合を受け取ることにより利益を得るビジネスモデルである。一方、サービスの提供を受ける会社は、自らが省エネルギー機器の設備投資を行わないにもかかわらず、省エネルギー機器の活用ができ、その結果得られるコスト低減の恩恵に浴することができる。
　以上、環境ソリューションビジネスの実例の一部を紹介してきたが、最近では、その実例も増加しつつある。このようななか、水ビジネスに関する「環境ソリューションビジネス」の実例である「水売りビジネス」も徐々に脚光を浴びるようになってきた。

　超純水は、従来、生産工程で超純水を必要とする企業が自ら内製で生産していたが、高品質で大量な超純水が必要とされるようになり、設備投資が莫大になることに加え、そのための高度な専門人材の確保が必要不可欠となり、そのコストが大きな負担となってきた。そのようななか、コア業務への資源集中を考え、超純水を「水売りビジネス」に頼るようになってきた。
　ここで改めて、超純水の「水売りビジネス」の定義を考えてみる。それは、「水製造設備や排水処理設備を建設・所有し、運転管理・設備保全管理・必要なメンテナンスを実施し、超純水など必要な用水を供給するビジネス」ということができよう。この「水売りビジネス」は、供給側に初期投資が必要なので、ある程度、長期の超純水供給契約期間が必要なほか、需要者が要求する超純水の水質と水量と超純水料金等を事前に決める必要がある。

### 図5-1 「水売りビジネス」とは

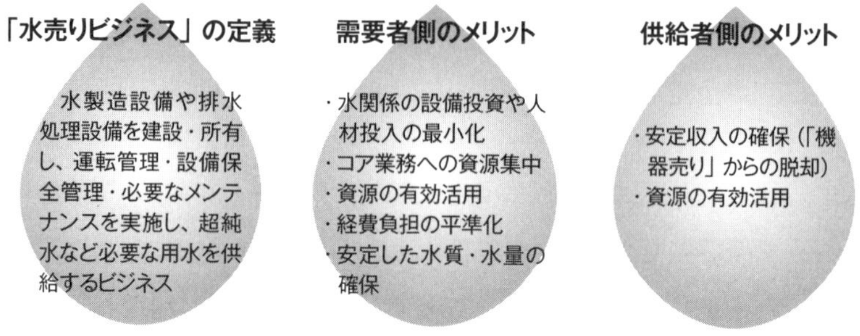

**「水売りビジネス」の定義**
水製造設備や排水処理設備を建設・所有し、運転管理・設備保全管理・必要なメンテナンスを実施し、超純水など必要な用水を供給するビジネス

**需要者側のメリット**
・水関係の設備投資や人材投入の最小化
・コア業務への資源集中
・資源の有効活用
・経費負担の平準化
・安定した水質・水量の確保

**供給者側のメリット**
・安定収入の確保(「機器売り」からの脱却)
・資源の有効活用

　この超純水の「水売りビジネス」の需要者側のメリットは、前述の初期投資の低減やコア業務への資源集中のほか、経費負担の平準化や安定水質・水量の確保の達成等が挙げられる。一方、供給者側のメリットは、「超純水製造設備」を売却し、その販売益を得て商売する、いわゆる「機器売り」からの脱却が図れる。すなわち、「機器売り」は、その機器を売却したときにまとまった収入が得られるが、その後に収益を得られない。

　一方、「水売りビジネス」は、その機器の販売益は得られず、かえって、自らがその購入費を立て替えなければならないが、その後、中長期的に超純水の供給料金として安定的な収入が入ってくることになる。したがって、「機器売り」は、景気の浮き沈みに左右されやすいため、安定した収入が得られにくいが、「水売りビジネス」の場合は、一度、顧客になってしまえば、一定期間、安定的な収入を得ることが可能となる。

　また、超純水製造専業メーカーが「水売りビジネス」を行うことにより、彼らが所有する水に関する技術やノウハウを総動員することになり、水のリサイクル等を含め、低コストで効率的な水資源の活用が進む

### 図5-2　「水売りビジネス」の分別水回収の一例

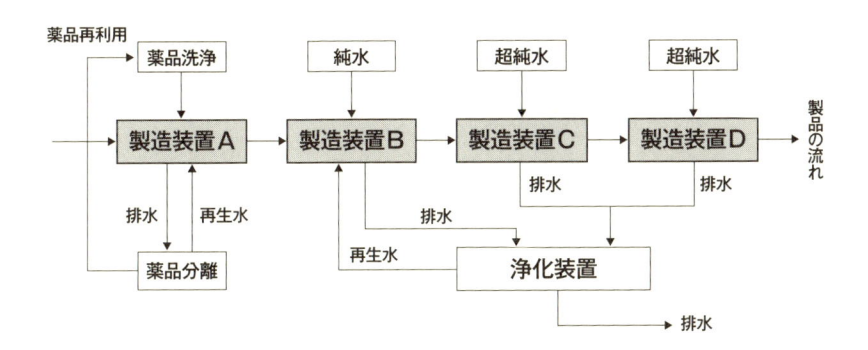

 こととなる。すなわち、超純水の需要者が供給者に、守秘義務契約を結んだ上、製造工程を明らかにすると、製造工程排水の発生原因が把握でき、そのなかに含まれている不純物を取り除く必要最小限の対応を処方できる。さらに、使用する水はさまざまな要求レベルが考えられることから、複数の排水の不純物の混入状況や除去可能性等を踏まえ、必要な処理を行い、その処理水のレベルに応じ、需要側の要求レベルに応じて供給することを可能とし、有効な水活用ができるようになる。さらに、薬品を使用した場合、その使用後、薬品を除去してきれいな水を作ると同時に、薬品のリサイクルにつながることとなり、薬品の使用量削減にも資することとなる。

## 2　国内外の水売りビジネスの実例を探る

国内で有名な例としては、栗田工業がシャープの亀山工場において、超純水の供給及び処理水の再生利用を行っている。シャープの亀山工場では液晶工場の生産過程で洗浄のために大量の超純水が必要であった。

### 図5-3　シャープ亀山工場の超純水の再生利用

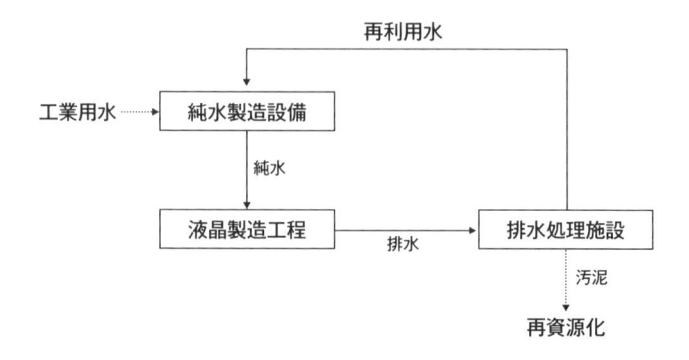

```
                    再利用水
              ┌──────────────┐
              ↓              │
  工業用水 → 純水製造設備       │
                │              │
                │ 純水          │
                ↓              │
            液晶製造工程 ── 排水 → 排水処理施設
                                    │
                                    │ 汚泥
                                    ↓
                                  再資源化
```

（出所）シャープ〈http://www.sharp.co.jp/kameyama/eco/water/recycle.html〉をもとに作成。

　そこでシャープは、限られた水源を有効に活用するため、栗田工業と組み、世界最大級の水の再利用を行っている。
　具体的には、亀山第1工場では、1日1万5300トンの排水を、亀山第2工場では1日3万3000トンの排水をリサイクル水にすることにより、1日4万8300トンの排水を浄化してリサイクルしている。シャープと栗田工業の子細な契約条件は明らかになっていないが、液晶のような最先端技術を活用する工場の場合、その生産工程でどの薬剤を投入し、どのタイミングでどのような排水が発生するかということがわかると、生産工程のノウハウが明らかになってしまうため、守秘義務契約で縛り、シャープの亀山工場内で栗田工業が浄水業務や「水売りビジネス」を請け負っているものと思われる。一方、栗田工業は生産工程を知ることにより、水の再生をより効率的に行うことを可能にしていると思われる。
　一方、シャープは、大阪府堺市に、2009年10月、世界最大の第10世代マザーガラスを採用する液晶パネル工場を稼働した。また同時に、2010年3月の稼働を目指し、薄膜太陽電池工場の併設を予定している。

これらの工場に加え、インフラ関連施設や装置メーカーの工場のほか、マザーガラスやカラーフィルターなど複数の有力部材メーカーの工場を誘致している。そのなかに、超純水を提供する栗田工業もあり、同社がシャープの液晶パネル工場、薄膜太陽電池工場のみならず、堺コンビナート複数の工場群の排水設備及び超純水供給を一括して実施する予定とのことである。
　一方、海外でも実施している例がある。例えば、中国の「水売りビジネス」の具体例としては、ソニーケミカル＆インフォメーションデバイス（以下、「ソニーケミカル」という）の例が挙げられる。ソニーケミカルは1994年に江蘇省蘇州市に進出したプリント基板を製造する工場であった。プリント基板の製造工程では、回路パターンを描いた後、超純水で薬品を洗い流す必要があり、超純水が大量に必要となる。
　進出当初は、きれいな水源が豊富にあるという触れ込みで進出したものの、水質汚濁が加速度的に進み、きれいな水源を確保できなくなってしまった。そこで当初は自社工場内で水を調達した後、それを浄化するシステムの設備の投資を行ったが、その調達水も日増しに水質が悪化し、自社内で行うにはコストが高すぎて対応できなくなってきた。そこで、旭化成ケミカルズがソニーケミカルの「水売りビジネス」に名乗り出た。
　旭化成ケミカルズは、精密ろ過膜の製造大手であったが、従来の膜モジュールの販売にとどまらず、水処理施設を建設し、運転管理、メンテナンスまでの設備運営全般を行うこととなった。すなわち、単に水を売るだけではなく、排水を精密ろ過膜等を活用して浄化し、再生水として再利用することによって、環境負荷低減と効率性の向上の両立を図ったのである。

## 3 今後の水売りビジネスを展望する

　半導体、液晶は景気に左右されるパーツであるため、その設備投資も景気に大きく左右される。したがって、従来型の「機器売り」ビジネスでは、景気変動の荒波を受けることは避けることができなかった。しかし、「水売りビジネス」は、前述のとおり、安定収入が確保できるので、その意味では、比較的、不況に強いビジネスモデルということができよう。さらに、将来的には、質量とも安定的な水源を確保することが今以上難しくなることに加え、半導体、液晶の高集積化が進み、さらに純度が高い「超純水」が必要となることは間違いない。このようななか、半導体、液晶の製造企業は自らの競争力を強めるため、コア分野の投資に注力し、ノンコア部分はアウトソーシングする「選択と集中」を行うと思われる。すなわち、超純水は、そのノンコア部門と位置づけられ、アウトソーシング化し、それに投じてきた設備投資、人員等をさらにコア部門に集中化できることとなる。

　以上見てきたように、「水売りビジネス」は爆発的にブレイクするということはないかもしれないが、リスクが少なく、B to Bで安定的な需要を享受できる水ビジネスであるということができると思われる。

　一方で、設備を持つという意味で「水売りビジネス」を行う企業は、リスクの高い事業を行っているともいえる。そのリスクを回避するため、あるいは、資産効率の観点から、海外の「水売りビジネス」では、SPC（特別目的会社）を設立したり、複数の出資者がコンソーシアムを組み、また、資金調達の面からは、プロジェクトファイナンス等を活用してレバレッジを効かせて出資を抑え、極力、バランスシートを使わない動きも出てきている。今後の「水売りビジネス」は、企業それぞれの

コア・コンピタンスを考えたうえで、それぞれの企業リスクを最小限にする手法を探りながら発展するものと考える。

# 第6章 工場排水浄化ビジネス

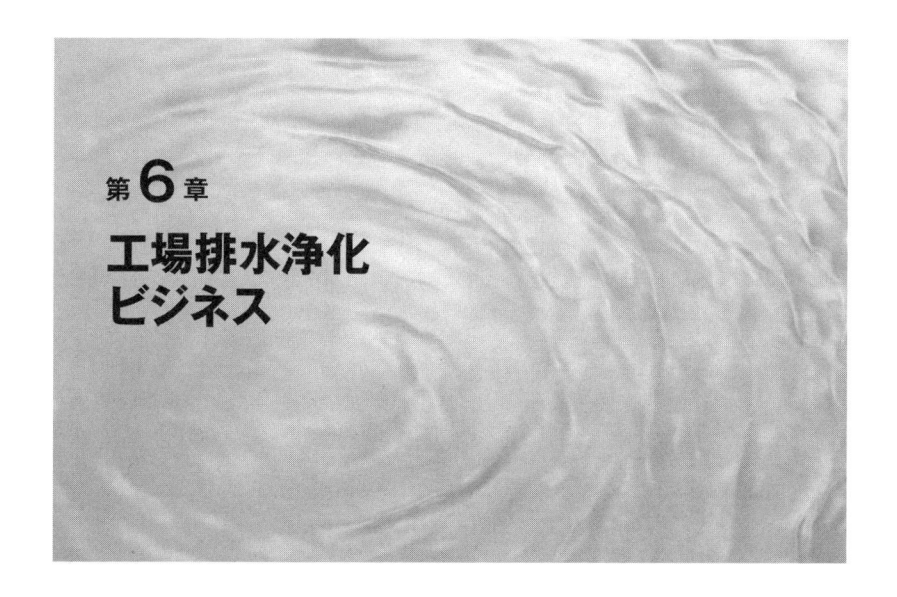

◎ 本章の内容

　本章では、まず、環境ビジネスの中の自然共生・公害関連のビジネス、特に工場排水浄化ビジネスを中心に、その現状を分析する。次に、そのケーススタディを議論し、最後に、工場排水浄化ビジネスの今後の方向性を、海外市場、特に中国市場を中心に考える。

　結論は、日本企業は、海外展開の際に、国内で提供している高スペック、高コストの工場排水浄化装置を用いずに、相手国ニーズにあったものを提供しなければ活路を見出せないということである。また、世界規模の水不足に対応するため、工場排水を浄化したものをリサイクルして工業用水として提供したり、その過程で発生するさまざまな派生物、例えば余剰エネルギーを活用するようなシステムの提案を積極的に進めるべきである。これは、進出国にもメリットとなるほか、日本企業の競争力のある分野でもあるため、ウィン・ウィンの関係が構築できる。

# 1 工場排水浄化ビジネスの現状はどうなっているのか

　世界規模で水不足が顕在化する可能性があり、今後、水道事業の重要性がさらに高まるものと思われる。特に、中国では水不足が深刻化している。中国の水資源総量は2.8億トンであるが、1人当たり平均の水資源占有量は2130トンと、世界の4分の1の水準である（国土交通省　土地・水資源局水資源部［2009］）。水不足を解消して、安定的な水道事業を行うには、まず、良質な水源の確保が必要不可欠である。

　しかし、全世界では、工業化の進展に伴い、汚染された工場排水等が水源に流入し、良質な水源の確保が困難となっている。このような意味で、工場排水を浄化するビジネスの必要性が高まっている。それは同時に、今後、日本企業にとっても、海外、特に中国は魅力的な市場となるということである。

　だが、日本企業は公共事業のぬるま湯の中で育ったため、価格競争力がない。もちろん、技術的には優れているが、それをコストと比較した限界効用では、必ずしも高いとはいえないのである。

　加えて、特に発展途上国にとっては、できる限りメンテナンスを必要とせず、またそのコストが安いことが望まれるが、日本企業の機器は、最先端の機器を導入している一方で、メンテナンス等でコストと技術が必要な場合が多い。言い換えれば、発展途上国のニーズでは、日本と同様なコストフルな最先端の技術を活用しない、ローテクな機器であっても、メンテナンスコストが安く、操業中に手間がかからない機器を求める傾向にある。日本企業はこのような海外ニーズにうまく応えきれていないことが、海外における競争力のなさのゆえんである。

　次に、産業排水処理装置の現状について考える。まず、日本の産業排

**図6-1　日本の産業排水処理メーカー**

- **水処理専業メーカー**
（栗田工業、オルガノ等）

- **重工系**
（荏原製作所、日立プラントテクノロジー、住友重機械工業等）

- **分野特化型エンジニアリング会社**
（食品分野では、キリンエンジニアリング、日清エンジニアリング等）

　水処理装置メーカーは、①水処理専業メーカー（栗田工業、オルガノ等）、②重工系（荏原製作所、日立プラントテクノロジー、住友重機械工業等）、③分野に特化したエンジニアリング会社（例えば、食品分野ではキリンエンジニアリング、日清エンジニアリング等）に分類可能であるが、シェアのほとんどを①及び②が占めている。特に、産業排水処理や工場で使用する水の製造に関しては、栗田工業がトップシェアを獲得している。

　また、（社）日本産業機械工業会の「平成19年度　環境装置の生産実績」を見ると、2007年度の産業排水処理装置民需部門の業種別需要は527億円であり、機械産業が32％、食品産業が10％となっている（表6-1）。

　産業排水処理施設は、プラント建設が主体となるため、土木工事が多く、排水処理装置は必ずしも企業の技術が如実に現れるものではない。国内では、発注、受注企業や商慣行も熟知しており、比較的有利に戦えるため、日本企業が大きなシェアを占めている。

　一方、中国を含むアジアでは、地元企業や欧米企業が大きなシェアを占めており、日本企業が進出する余地はあまりないというのが実情であ

表6-1　2007年度産業排水処理装置産業別需要

|  | 構成比率（％） | 民間需要（100万円） |
|---|---|---|
| 食品 | 10 | 5,412 |
| パルプ・紙 | 6 | 3,156 |
| 石油・石炭 | 1 | 721 |
| 化学 | 9 | 4,602 |
| 窯業 | 1 | 580 |
| 鉄鋼 | 9 | 4,736 |
| 非鉄金属 | 3 | 1,293 |
| 機械 | 32 | 17,031 |
| その他 | 29 | 15,187 |
| 合計 | 100 | 52,718 |

(出所)（社）日本産業機械工業会［2007］。

る。ただ、次節で紹介する富士化水工業株式会社のように、海外に進出した日系企業を中心に、産業排水処理施設について、一定の競争力を有している企業もある。このようなニッチの市場の獲得に向けて対応するのも日本企業の1つの方策と考える。

### コラム2
### 日本の環境ビジネスの現状

　環境ビジネスは、①温暖化関連（再生可能エネルギー、省エネルギー等）、②3R関連（廃棄物処理・リサイクル装置等）、③自然共生・公害関連（公害防止施設、環境修復・環境創造等）に分類できる。

　まず、日本の環境ビジネスの市場規模及び雇用規模をみると、それぞれは、2005年に59兆円、180万人であったのが、2015年にはそれぞれ83兆円、260万人になると推計されている[1]。また、アジア全体の環境ビジネス

市場を考えると、2005年に64兆円の市場規模が、2030年には300兆円になるものと想定されている[2]。

ここでは、環境ビジネスの中の③の自然共生・公害関連を中心に、その現状と今後の展望について議論する。自然共生・公害関連の環境ビジネスは、産業化の進展とともに、アジアで重要な公害防止という政策課題を解決する処方箋となっている。特に、中国においては、太湖等の水質汚濁のほか、大都市における大気汚染が大きな問題となっており、それら公害の防止が喫緊な課題となっている。

それらの公害は中国の問題だけにとどまらず、国境を越えて日本にとっても重大な環境問題となっている。例えば、2007年5月、工場、事業場が密集しておらず、公害が喫緊の課題となっているわけではない大分県や新潟県において、光化学オキシダント濃度の増加が見られ、光化学スモッグ注意報が発令された。

また、北九州市でも、2007年5月、光化学スモッグ注意報が発せられ、85校の小学校の運動会が中止となっている。学識経験者は、これらの事象には中国の大気汚染の影響があるのではないかと指摘している[3]。このように、中国をはじめとするアジアの環境問題は、日本の環境問題にもなっており、アジアの環境問題の解決は、同時に日本の環境問題の解決につながるものである。

一方、日本は、他の国に例を見ないものづくり大国であり、その「環境力」を活用して、アジアの環境問題を解決しようという機運が生まれている[4]。

すなわち、技術移転や製品輸出等を活用して、東南アジアの環境負荷を低減させることにより、日本の「環境力」をアジアに導入し、環境ビジネスを活発化させることを目指しているのである。言い換えれば、日本の環境ビジネスが活発になり、中国を含めたアジアの環境負荷も低減し、最終的には、日本の環境負荷も低減するという、ウィン・ウィン・ウィンの状

**図1　アジアの環境市場と日本の対アジア環境装置輸出額の推移**

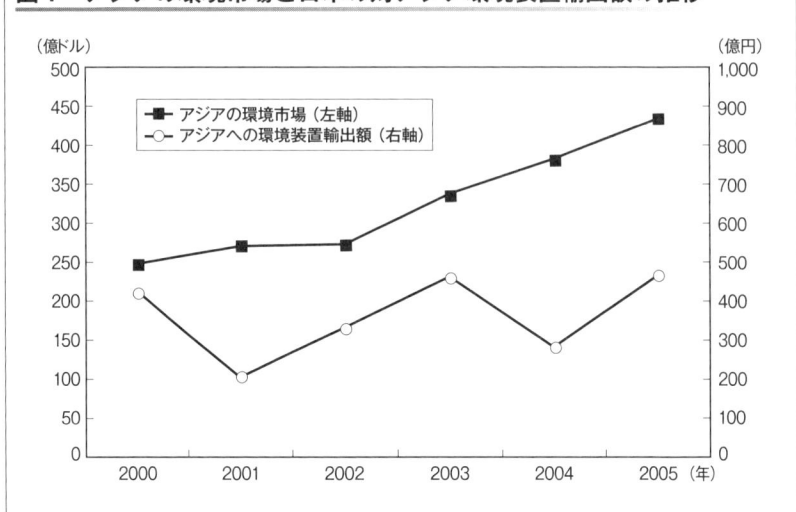

（出所）「Global Environment Market: Asia」Environmental Business International, Inc. 2006.9.（社）日本産業機械工業会［2001～2006］。

態を目指しているのである。

　次に、現在のアジアにおける日本の環境ビジネスの状況をデータで見てみよう。「Global Environment Market: Asia」(Environmental Business International) によると、アジアの環境ビジネスは、拡大傾向にある。一方、（社）日本産業機械工業会「環境装置の生産実績」によると、日本の環境装置（大気汚染、水質汚濁、廃棄物関連）の輸出動向は、横ばいで推移している。つまり、アジアの環境ビジネスが拡大しているにもかかわらず、それに呼応して、日本からのアジアへの環境装置の輸出はそれほど伸びていないということがわかる。

　一方、世界の環境ビジネス市場の分野別内訳（2004年）を見ると、機器の販売が約2割にとどまっているにもかかわらず、環境ソリューションビジネス（サービス、資源）の市場規模の割合が8割と大きい。ここでは、環境ソリューソンビジネスを、多種多様な技術（ハード）とノウハウ（ソフト）

**図2　世界の環境ビジネス市場の分野別内訳（2004年）**

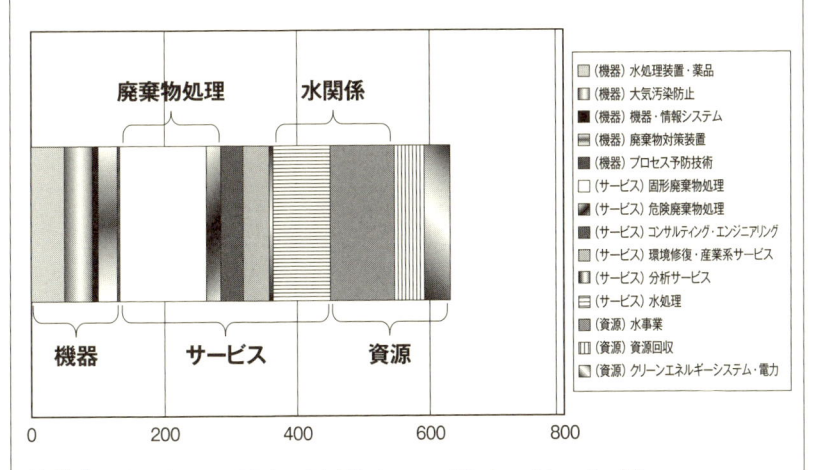

凡例:
- （機器）水処理装置・薬品
- （機器）大気汚染防止
- （機器）機器・情報システム
- （機器）廃棄物対策装置
- （機器）プロセス予防技術
- （サービス）固形廃棄物処理
- （サービス）危険廃棄物処理
- （サービス）コンサルティング・エンジニアリング
- （サービス）環境修復・産業系サービス
- （サービス）分析サービス
- （サービス）水処理
- （資源）水事業
- （資源）資源回収
- （資源）クリーンエネルギーシステム・電力

（出所）「Global Environment Market: Asia」Environmental Business International, Inc. 2006.9. 三菱総合研究所［2008］。

の「環境力」を高度に組み合わせることにより、顧客ニーズに沿った最適解を与えるビジネスと定義づけている。

なお、個別分野で比率が大きいのは、廃棄物処理（24％）と水関係（水処理と水事業をあわせて29％）の2分野である。

図1のようにアジア市場の伸びに比して日本の環境装置の輸出が少ないとしても、コラム1でも言及した環境ソリューションビジネス（サービス、資源）で一定規模以上の市場を確保しているのならば、日本の環境ビジネスがアジア市場において優位な地位を占めているといえるかもしれない。

だが水関係産業では、フランス系のヴェオリアやスエズが、中国を中心としたアジアで環境ソリューションビジネスにおいて優位な地位を占めており、日本企業に十分な参入余地がないというのが実態である。

第5章の「水売りビジネス」でも指摘したとおり、日本でも、「水売りビジネス」をはじめとした環境ソリューションビジネスの創成の機運が広

りつつある。

【注】
1) 2008年2月18日に開催された産業構造審議会　環境部会　第1回産業と環境小委員会の参考4「産業と環境小委員会　討議用参考資料」による。
2) 2008年3月18日の経済財政諮問会議に提出された「『アジア経済・環境共同体』構想について」による。
3) 環境省では、2007年6月に「光化学オキシダント・対流圏オゾン検討会」を設置し、日本の光化学オキシダント濃度レベルの上昇傾向の要因が、大陸間や大陸内における大気汚染物質の輸送等の影響によるものか、過去の知見等に基づき明らかにすべく検討を進めている。また、2008年5月に国立環境研究所が発表した実験結果によると、2007年の4月〜5月にかけて九州で発生した光化学スモッグについて、その主成分のオゾンの40〜45％が中国由来のものであると結論づけている。
4) 2008年4月8日の経済財政諮問会議に提出された「『環境力』を活かす成長戦略」を参照せよ。

【参考文献】
（社）日本産業機械工業会［2001〜2006］「環境装置の生産実績」．
三菱総合研究所［2008］「社会的に求められる研究開発の方向性に関する調査」．

## 2　いくつかの企業のケーススタディを探る

　本節では、公害防止分野で積極、果敢に中国を含むアジア諸国に展開している、日揮株式会社、富士化水工業株式会社、双日株式会社を紹介する。

## （1）日揮株式会社（代表取締役社長　八重樫正彦氏）

　日揮は、日本のプラント・エンジニアリング・コントラクターのトッププランナーであり、特に石油精製・石油化学・LNGの分野において、海外市場で強い競争力を有している。その日揮が、水質汚染に苦しんでいる国々の要望に応えるため、新規ビジネスとして水・環境事業を展開しており、その一環として水質浄化ビジネスに取り組みはじめた。中国では、急激な経済成長に伴って水質汚染が深刻化しており、その対策が急務になっている。

　このようななか、日揮は、自社の保有しているエンジニアリング技術に加え、九州のベンチャー企業が開発した技術を活用して、2008年より中国の太湖にて水質浄化試験を実施し、アオコの発生等により水質汚染が低ランクであった太湖の試験域の水質を飲料水源として取水可能なレベルまで急速に浄化することに成功し、自社技術の有効性を確認した。

　その技術の概要は、オゾンを用いて、湖沼中のアオコ等の有機物を分解し、さらに分解後の固形物を分離回収し再資源化するものである。一方で、固形分を分離した処理水には微細気泡状の高濃度酸素が含まれているため、この高濃度酸素水を貧酸素状態の湖沼に返流することにより、自然浄化能力を回復させるというシステムである。

　現在、中国の雲南省昆明市の滇池で、新エネルギー・産業技術総合開発機構（NEDO）の支援を受けFS調査を実施中である。日揮は、今後の湖沼水質浄化ビジネスを湖沼自身の浄化に加え、湖沼に流入する排水規制を強化するなどの流入対策を含めた総合的な水質浄化事業を進める必要があると考え、上水道、下水道事業、汚泥処理などをも視野に入れ、広く海外の水環境ビジネスに進出する方針であるとのことである。例えば、2009年12月、日揮は国際的に水事業を展開するシンガポールのハイフラックス社と組み、中国の天津市の海水淡水化施設に関し、両社合同で事業運営することに合意している。

## (2) 富士化水工業株式会社（代表取締役社長　井本浩嗣氏）

　富士化水工業は、1980年代から、日本メーカーの海外への生産拠点の移転に伴い、産業排水装置等の製造、販売、メンテナンスを行うために、海外へ進出している。進出先国では、単独あるいは合弁で現地法人を設立し、それらを中心に製造、メンテナンスを行っている。

　海外進出に際しては、現地に技術やノウハウを移転することを基本としており、1989年に初めて海外（台湾）に進出した後、1995年から2001年にかけて、マレーシア、フィリピン、中国、タイ、ベトナム、インドネシア等に展開している。

　富士化水工業の国内業務は、排水処理・排ガス処理・土壌地下水浄化・廃棄物処理が中心であり、海外でも国内同様の業務を行っている。なかでも電子部品関連の工場排水処理が比較的多く、食品関連工場、自動車部品製造工場の工場排水処理も増加している。中国の用水水質は非常に悪く、水道水でも工場で使えない場合もあることから、純水レベルの水質までは必要なくても、ある程度の水質となるまで排水の浄化またはリサイクルを求められるケースが増えている。

　一方、廃棄物処理分野では、中国、タイ、ベトナム等では、回収した有価物の再利用や最終処分場等の廃棄物処理の基礎インフラが不足しており、進出企業は苦慮している。

　海外市場での売上げは、現状では中国、タイ、ベトナムの順である。中国では水道機工・中国企業との３社合弁の五洲富士化水工程有限公司が、上下水道や建築を含む事業を展開している。タイでも、政情不安やインフルエンザの影響で停滞していた設備投資が底を打ってきており、また、ベトナムには中国や他のアジア諸国から企業移転が進んでいることもあり、売上高が拡大している。

　海外進出当初は、日本や欧米から中国、タイ等に装置を輸出するケースが一般的だったが、主要機器・装置を除くと現地調達の割合が増えて

きている。

　ローカル企業向けの単純な排水処理施設の建設は、土木関係の現地事業者も参入している市場であるため、富士化水工業には競争力はない。そのため、顧客のほとんどが日系もしくは外資系企業向け、納入設備も高度廃水処理や排水リサイクル施設となっている。日系企業の多くは、現地で環境問題を絶対に起こしたくないとの理由から安心して任される富士化水工業をはじめ日本メーカーにシステムを発注するケースが多い。

　富士化水工業のアジア市場でのライバルはアジアのローカルメーカーになってきている。ローカルメーカーは未だに「モノを売って稼ぐ」スタイルである。一方、富士化水工業など日本メーカーは「ソフト保証を提供するための設計で稼ぐ」スタイルである。日本から主要機器が持ち込まれ、また技術者や設計技術が流入するにつれ、ローカルメーカーの技術力も少しずつ向上してきている。アジア市場の潜在力は大きいが、今後の事業戦略には課題も多い。特に、台湾メーカーが育ってきており、アジア市場においてライバルになりつつある。日本と同様、台湾メーカーも台湾系企業に付随してアジア市場に参入している例が多くなっている。

　近年、中国をはじめアジア各国の環境規制はローカル企業にも及んできており、新たに排水処理・廃ガス処理などを導入するケースが増えてきている。富士化水工業は、従来の日系企業中心のビジネスから現地のパートナー企業との協力によって、ローカル企業向けのビジネスウィングを広げている。

## （3）双日株式会社（代表取締役社長　加瀬豊氏）

　総合商社の中で水ビジネスに参入している企業は数多い。例えば、三菱商事、丸紅、住友商事などは国内外の水道ビジネスや海水淡水化ビジ

ネスに参入している。

そのようななか、双日は中国で工場から出る排水のリサイクル事業に乗り出した。しかも、単に、工場排水を浄化するだけではなく、中国の水不足を考え、浄化した水をリサイクル水として工業用水として販売するビジネスを始める予定である。

リサイクル水は、工業用途であれば幅広い分野に再利用が可能で、また水料金に関しても生活用水価格がおおむね2～3元/$m^3$であるのに対して、工業用水は水不足の中国北部では3～6元/$m^3$の都市が多い。したがって一般的に高価とされる水処理膜で高度処理を行っても、経済的に事業化が可能となるところに着目している。

また海外水メジャーが官需（上水道、下水道事業）を対象としているのに対して、工業分野（民需）であれば、日本の商社やメーカーが強みを発揮できる領域でもある。当面は、河北省唐山市に合弁会社を設立し、唐山市内に建設中の工業団地に進出予定の鉄鋼企業や石油化学企業等のための水質浄化、リサイクル施設を建設し、リサイクル水を販売するビジネスを始める予定とのことである。そのために、水処理膜で比較優位のある旭化成ケミカルズや日東電工と組み、浄化装置を共同で開発し、約7割を工業用水として再利用し、約3割を農業用の灌漑用水として再利用するとのことである。双日は、この事業をモデルとして、中国各地で本ビジネスのニーズを探り市場を開拓するとのことである。

## 3 ｜ 工業排水ビジネスは今後どのようになるのか

昨今、アジア地域では環境法令が整備されつつあるが、それらは整備途上であり、法制度の不整合や法律の細則の未整備、加えて法制度の執行に必要となるインフラ整備の遅れがあり、実効性が担保されていな

い。

　具体的には、経済成長を重視するあまりに、十分な法執行が行われていなかったり、基準値違反等を摘発するためのモニタリング等のインフラ整備が不十分な例もある。また、そもそも基準値違反を取り締まる人材が十分でない例も見受けられる。

　中国でも同様の状況であり、それに加えて、地方政府は必ずしも環境法令に則った行政を実施していない。2000年までは、環境法令を違反した企業でも、汚染賦課金を支払いさえすれば事業を継続できる例が多かった。なお、その汚染賦課金は、公害防止対策費用よりも低かったので、企業は汚染賦課金を支払ってすませるインセンティブが高かった。

　また、地方政府も罰金を徴収することにより地方財政が潤うこととなるので、無理をして企業に環境法令を守らせるインセンティブがないというのも事実である。したがって、中央政府が環境対策に本腰を入れても、上述のとおり、地方政府にはその熱意がなく、企業は、いったん導入した環境汚染防止装置を外してしまうなどといった事例もあった。

　さらに、「大気汚染物質については、2000年4月までは排出基準違反を要件として徴収されるものであったが、2000年の法改正により、すべての大気汚染物質について排出基準にかかわらず汚染賦課金が課されることとなった」（中国環境問題研究会編［2007］）。すなわち、基準値超過違反への制裁としての賦課金の支払いの義務化から、汚染削減へのインセンティブを目的とした政策的賦課金へと変わりつつあるということである。

　一方、汚染単位当たりの賦課金額が原案から半減されたことで、汚染削減へのインセンティブ効果については疑問が残る。すなわち、中国で実施されてきたこの賦課金額の設定は、むしろそれを支払って汚染を排出するほうが汚染対策をとるより得であるとまでいわれるほど低い水準であったのである。

したがって、この制度が導入された目的は、環境行政の財源を確保するためだったのではないかとすら疑われている。いずれにしても、当初の目的はともかく、実際にこの制度が環境行政や地方行政の財源確保に使われたことは確かである。

　一方、昨今、胡錦濤国家主席は、持続可能な経済は環境抜きに達成できないとの方針を掲げている。その具体策として、中央政府は地方政府の職員に対し、省エネルギー・汚染排出削減目標が未達成であれば、他の評価項目がどんなに優れていても、全体の評価は落第とされる「一票否決制度」を導入したため、地方政府も真剣に環境対策を進めるようになった。

　このような中国の環境規制のエンフォースメントの高まりは、日本企業にとってチャンスとなる。一般的には、公害防止装置は成熟した技術であるため、前述のとおり、日本の公害防止装置は、アジアの装置と比較して、価格差ほど技術差がないというのが現状である。もちろん、安定性、正確性はアジアの装置と比べ比較優位があるが、現段階ではアジア市場に参入できないというのが実情である。

　しかし、前述のとおり環境規制のエンフォースメントが高まれば、日本の装置の安定性と正確性が再評価され、日本企業の参入の余地が生ずるものと思われる。さらに、工場排水浄化ビジネスがアジア市場で活発になれば、水源確保も容易になり、水道ビジネスもフォローとなる。すなわち、ウィン・ウィンの関係が構築できるのである。

　また、「日本では、環境政策を大きく動かしたのは、公害反対の世論が運動となって地方自治体の選挙を動かし、また公害反対運動に支えられた公害被害者が公害裁判で勝訴したことであった。しかし、中国の場合、環境汚染に反対する世論が運動として全国横断的に結び付くことにも困難があるうえ、仮にそうした運動があったとしても、今の選挙の仕組みで地方行政を動かすことも難しいし、法律そのものの信頼性が低い

ため裁判の判決も日本ほどの影響力は持ちえない」（相川［2008］）。これは、中国が解決すべき問題ではあるが、環境問題を解決するためには、世論が1つのトリガーとなって、大きく環境負荷低減につながることも考慮に入れておくべきであろう。

　さらに、一般論として、海外で工場排水浄化ビジネスを展開するには、現地パートナーと共同で実施することが適切であると考える。

　その理由としては、通常、国や地方公共団体の許可を得る場合、プロジェクトの認可、基礎設計、応用設計と段階ごとに許可を得る必要があるため、適切な進出先国の企業と組んでいればスムーズに許可を得ることができるからである。加えて、進出国の市場に対する営業はその国を熟知した現地パートナーと共同で行うほうが効率的である。さらに、日本企業は、製品販売型のビジネスから事業実施型のビジネスへの展開を目指すべきであると考える。

　その理由としては、製品販売であれば売り切りであり、類似品を作られてしまうと収益を得る糧がなくなってしまうが、事業実施型のビジネスであればメンテナンス等により、事業期間中、安定した収益が得られるからである。すなわち、バイヤーとセラーの関係からパートナーとなることが重要であると考える。ビジネスをうまく進めるポイントは、パートナーと対峙するのではなく、パートナーと同じ方向を目指すことにあると考える。

　一方、中国では、代金回収が容易でないという事例があるほか、装置を納入した後、コア技術や装置そのものを模倣されたり、ロイヤリティを払わなかったりする等の事例も耳にする。例えば、中国では数多くの環境関連企業が存在しており、1つの製品・技術を輸出すると、類似品を作られてしまうというケースをよく耳にする。

　また、中国の製品製造コストは日本の数分の1であり、日本の製品は品質を度外視すれば、価格競争力がないとのことであり、一般競争入札

で落札するのは容易ではない。また、現段階では、入札が中国政府及び中国企業に有利な形態となっている。このように、中国のような未成熟な市場ではさまざまなリスクが存在することは事実である。このようなリスクがあるから、中国進出を断念するという選択肢もある。一方で、このようなリスクもあるが、今後、日本は人口減少や高齢化が進み、需要が減退するリスクのほうが、中国に進出するリスクよりも大きいと判断する場合もあるであろう。

　中長期的には、政府は今後の日本の産業の行く末を案じ、中国への進出リスクをできる限り減ずる処方箋を考えることが必要である。しかし、そうはいっても、現在、中国を含むアジア市場は拡大の一途をたどっており、現段階で何らかの手を打たないと後手に回ってしまうというのも事実である。

　最後に、工場排水浄化ビジネスの今後について、改めて考えてみよう。今回、紹介した工場排水浄化ビジネスは、工場排水を浄化し、それをリサイクル水として再利用するまでのビジネスであった。今後の方向性としては、もう少し、工場排水浄化ビジネスを広義で捉えてはどうかという提案である。

　例えば、微生物を使用して工場排水を好気処理施設で処理していたものを嫌気処理施設で処理することにより、排水に空気を送り込むエネルギーは不要になり、省エネとともに、コスト削減につながる。また、そこから発生するメタンガスを活用して発電を行うとともに、そこから派生する熱を活用して、その熱を保温などに活用することも考えられる。

　このように、工場排水浄化の派生物、例えば余剰エネルギーを活用することを通じ、メンテナンスコストを低下させ、低炭素社会の構築にもつながるものとなる。このような事業分野であれば、日本企業の良さが発揮できるのではないであろうか。

　もちろん、進出国のニーズを十分把握するということも重要である

が、第4章の「上水道、下水道ビジネス」でも指摘したように、コンサルティング・ファームを通じて、このような日本企業の優位性を誇示でき、あわせて、進出国にメリットがある、いわゆるウィン・ウィン関係となる提案をすることが重要であると考える。もちろん、コスト削減が大前提である。

第2部

# 海外の水ビジネス

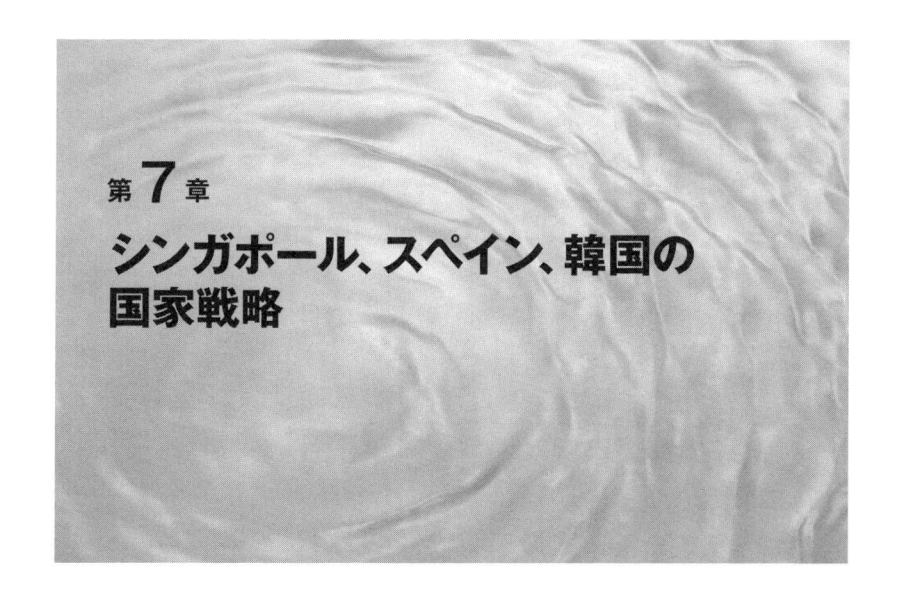

# 第7章 シンガポール、スペイン、韓国の国家戦略

◎本章の内容

　必要とする水の5割以上をマレーシアから輸入していたシンガポールが、マレーシアとの水の売買契約交渉が暗礁に乗り上げたことをきっかけに、自ら造水、水の再利用プロジェクトを相次いで立ち上げた。このプロジェクトは、当初、国内の水需要を賄うことが目的であったが、そのノウハウを海外に展開しようとする野心が芽生え、シンガポール政府はハイフラックス社等の民間企業の海外展開を積極的に支援しはじめている。

　本章では、シンガポール政府が具体的にどのような産業政策を行い、その効果はどうだったのかを検証する。また、スペイン、韓国でも独自の水ビジネス育成策を行っているため、それらについても議論する。

# 1 シンガポールの国家戦略[1]

## (1) なぜシンガポール政府が水資源問題に関与するのか

　シンガポールは、年間降水量は比較的多いものの、降った雨はすぐに海に流れ出てしまうため、一人当たり水資源量はかなり低水準であった。そのため、国内のすべての水需要を国内の水源だけでは賄うことができなかった。そこで、従来から、マレーシアのジョホール州から水を輸入しているのである。その協定は1961年と1962年に締結された（表7-1）。

　現在に至るまで、これらの協定に基づき、マレーシアから原水の供給を受けるとともに、シンガポールで処理した上水をマレーシアへ送り返している。これら協定を締結した当時は、シンガポール側は必要な水源をマレーシアに求め、一方で、マレーシア側も水源を上水化する施設がなかったため、シンガポールに供給した水を上水化してもらって再輸入していた。その結果、ウィン・ウィンの関係が成り立ってきたといえる。

　しかし、マレーシアでも浄水設備が整ってきたことに加え、マレーシア側で、シンガポールへの原水供給価格とマレーシアへの上水供給価格の差が大きすぎるとの批判が生じ、2000年にマレーシア政府が水供給価格を20倍に引き上げる要求をし、両国間で交渉が始まったのである。その後、感情的な対立が生じたこともあり、一時は暗礁に乗り上げたが、現在は、沈静化している。しかし、シンガポール政府は、水は安全保障の一種であり、自国が意図しないところで、それが妨げられる可能性があるということを改めて認識したのである。

　その結果、シンガポール政府は、他国に左右されず自国で水を確保す

**表7-1　ジョホール州との水供給協定**

| | 1961年協定 | 1962年協定 |
|---|---|---|
| 有効期限 | 2011年 | 2061年 |
| 供給水源 | テブラウ川、スクダイ川 | ジョホール川 |
| 原水供給量 | 86.00mgd<br>(約391,000m³/日) | 250.00mgd<br>(約1,137,000m³/日) |
| 原水価格 | RM0.03/1,000gallon<br>(約0.20円/m³) | RM0.03/1,000gallon<br>(約0.20円/m³) |
| 浄水供給量 | 10.32mgd<br>(約47,000m³/日) | 30mgd<br>(約136,000m³/日) |
| 浄水価格 | RM0.50/1,000gallon<br>(約3.30円/m³) | RM0.50/1,000gallon<br>(約3.30円/m³) |
| 価格見直し条項 | 25年度<br>(1986年→見直しせず) | 25年度<br>(1987年→見直しせず) |

(注) 1　原水供給量、浄水供給量は、いずれも協定上の上限。実績値は非公表。
　　 2　RM＝マレーシア・リンギット。1RM≒30円。
　　 3　mgd＝100万ガロン/日（million gallon per day）。1gallon≒0.004546087m³。
(出所) 浅野ほか［2008］。

る施策の構築に傾注するようになった。すなわち、シンガポール政府が選んだ道は、水の自給率をできる限り高めるとともに、最先端の技術が集まる、世界の水ビジネスの中継地点（ハブ）になることを目指すようになった。

### (2) 4つの水源である「4つの蛇口」(Four National Taps) とは何か

　上述のような事情を背景に、マレーシアからの水輸入をなくし、水自給率100％を達成することが、シンガポールの主要命題となった。今までは、ジョホール州からの輸入が水需要の約半分を占めていたが、将来目標は、シンガポールの水需要を4つの蛇口（貯水池、ジョホール州からの輸入、NEWater、海水淡水化）からの分散供給とし、結果として、ジョホール州からの輸入を極力減らして、貯水池、NEWater、海水淡水

表7-2 「4つの蛇口」と供給量、全販売量に占める割合、自給（可能）率

| 「蛇口」 | 供給能力（mgd） | シェア（%） |
| --- | --- | --- |
| 1　貯水池 | 149.58<br>（約 680,000m³/日） | 46.50 |
| 2　ジョホール州からの輸入 | 実績値が公表されて<br>いないため不明 | — |
| 3　NEWater | 72.00<br>（約 327,000m³/日） | 22.40 |
| 4　海水淡水化 | 30.00<br>（約 136,000m³/日） | 9.30 |
| 1日当たりの水販売量<br>（2007年） | 321.60<br>（約 1,462,000m³/日） | 自給（可能）率：78.2 |

(出所) 清瀬［2009］。

化の供給を増やすことを目標としている（表7-2）。

　まず、貯水池については、現在、シンガポールに15カ所あり、有名なところでは、都心部の河口、入江を閉め切って貯水池化したマリーナ・バラージ（Marina Barrage）がある。また、NEWaterは、膜技術を活用した下水再生水プロジェクトであり、詳細は後に述べる。一方、海水淡水化については、2005年9月にトゥアスに30mgd（約13万6000m³/日）の供給能力を有するシンガポール初の海水淡水化施設の操業を開始している。

　なお、トゥアスの海水淡水化施設は、PPPの一種であるDBOO（Design-Build-Own-Operate）方式により、ハイフラックス社の100％子会社のシングスプリング社が受注した。

　このようにして、シンガポール政府は、金融やITやバイオに加えて、戦略的ビジネスとして水ビジネスを考えはじめたのである。具体的には、2015年までに世界の水ビジネスに占める同国のシェアを現在の1％未満から3％までに高めることを目標と掲げている。すなわち、シンガポール政府は、世界のウォーター・ハブ、世界の水研究、水ビジネスの

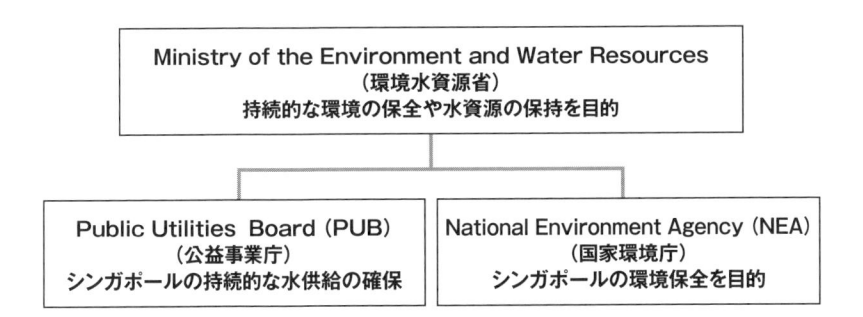

図7-1　水資源政策関係の政府機関

```
Ministry of the Environment and Water Resources
(環境水資源省)
持続的な環境の保全や水資源の保持を目的
    ├── Public Utilities Board (PUB)
    │    (公益事業庁)
    │    シンガポールの持続的な水供給の確保
    └── National Environment Agency (NEA)
         (国家環境庁)
         シンガポールの環境保全を目的
```

中心地となる国際戦略を着々と進めている。

### (3) シンガポールの水資源戦略を明らかにする

　シンガポールの水資源政策関係の政府機関としては、まずMinistry of the Environment and Water Resources（環境水資源省）があり、その傘下にNational Environment Agency（NEA：国家環境庁）とPublic Utilities Board（PUB：公益事業庁）がある（図7-1）。

　NEAは排水規制のほか、大気や土壌などの環境規制も行っている。一方、PUBは、水資源確保から、上水、下水、再利用に至るまで、すべての水循環を一元的に管理している。ここは水政策が細かく分割されている日本と違うところである。すなわち、シンガポール政府は、政府の水政策がPUBに集中しているため、ワンストップで水政策が行うことができるのである。

　なお、PUBは政府から準独立しており、独立採算制となっている。また、PUBはシンガポールの水資源の増加と水質と安全の確保に寄与し、同時にコスト削減を実現する技術、アイディアを持つ企業であれば、内外無差別で海外企業も歓迎し、共同で研究開発を進めるとともに、資金

援助も行っている。

　すなわち、シンガポールに拠点を置く会社（Singapore-Based Company）は優遇するという考え方で、シンガポールに拠点を置いていれば、本社の国籍を問わず、政府が支援することとしている。PUBが外資を積極的に誘致する理由は、それがひいては国内の水ビジネスの支援につながるからである。

　シンガポールのエンジニアリング会社は国際競争力が強くなっているが、膜などの素材・部品メーカーが存在しない。PUBが世界中から集まった外資企業の膜などの素材・部品技術を目利きして、シンガポールのエンジニアリング会社がそれらをシステムに取り込んで、海外に進出することを考えているのである。すなわち、自らが素材や部品に関する技術を持っていないが、海外の素材・部品メーカーを自国に誘致して、競わせ、それらの技術を目利きして、世界最先端の技術を安価で獲得し、それらの技術を含めたシステムを海外に展開しようとしているのである。

　一方、水道料金を改定する場合には、PUBが案を作り、Ministry of the Environment and Water Resources（環境水資源省）に提出し、最終的には環境水資源大臣が決定することとなっている。ちなみに、最後に改定したのは2000年であり、それ以降は改定していない。水は人にとっても産業にとっても必要不可欠なものであるため、簡単には値上げできない仕組みとなっているのである。また、水の供給総量をできる限り削減するため、大量に水を使用する者に対して水道料金の単価を高くしている。これらの仕組み自体は日本も同じであり、シンガポールに固有なものではない。

　シンガポールでは、国内においては図7-1のとおりワンストップで水行政を行っている。その成果もあり、国内の水資源確保に呼応するかたちで内外の水関連企業が発展・集積してきている。そこでシンガポール

政府は、この状況をさらに発展させ、シンガポールを水関連企業や研究機関が最先端の研究開発を行い、新たに開発された技術を実用化する拠点とするとともに、さらに水関連の技術や製品を海外に輸出する拠点、すなわち、「グローバル・ハイドロ・ハブ」となるために、Environment and Water Industry Development Council（EWI：環境・水産業開発委員会）を2006年5月に設立した。

　その下には、環境水資源省、環境庁、公益事業庁のほか、Economic Development Board（EDB：経済開発庁）やInternational Enterprise（IE：国際事業庁）のような外資を積極的に導入する政府機関や輸出振興を行う政府機関も参加している。さらに、シンガポール国立大学、南洋理工大学という水政策や水技術を研究開発している大学も参加している。

　このEWIをガバナンスするために、Steering Committee（運営委員会）を設置しており、その議長にはNational Research Foundation（NRF：国立研究基金）の議長が着任している。

　この「グローバル・ハイドロ・ハブ」政策を推進するに当たり、EWIでは、水技術関連の将来性のある研究開発への投資を行う「技術開発」（Technology Development）を行うとともに、企業の海外展開を支援する「国際化」（Internationalization）を行っている。さらに、水関連の海外の企業をシンガポールに誘致するとともに、地場企業の技術の底上げを目指し、「産業クラスターの構築」（Cluster Development）も行っている（図7-2）。

　シンガポールで水ビジネス企業として有名な企業は、ハイフラックス社、ケッペル社、セムコープ社等である。シンガポールにおける水ビジネスの応札状況を見ると、シンガポール政府がどのように考えているかがわかる。すなわち、前述のとおりトゥアスの海水淡水化プラントは、ハイフラックス社の100％子会社のシングスプリング社が受注している。また、ベドックやセレターのNEWaterプラントはハイフラックス

## 図7-2 シンガポールの総合的な水政策

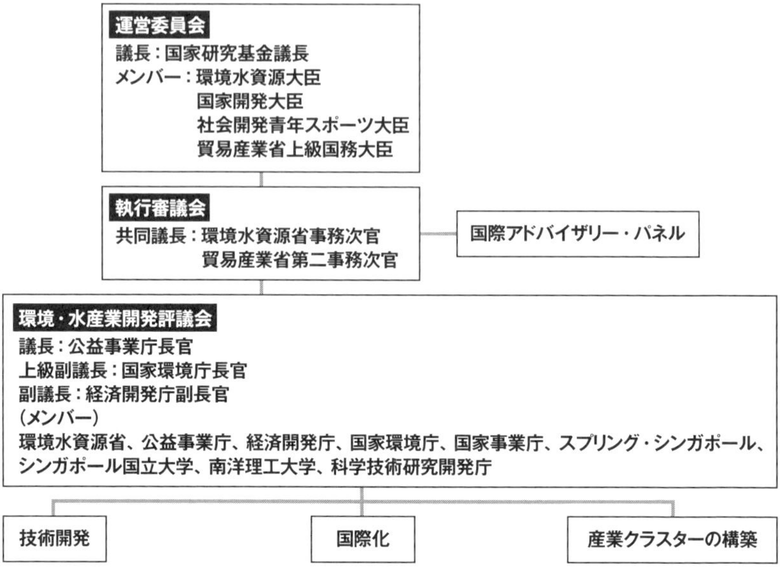

```
┌─────────────────────────────────┐
│ 運営委員会                        │
│  議長：国家研究基金議長             │
│  メンバー：環境水資源大臣           │
│         国家開発大臣              │
│         社会開発青年スポーツ大臣    │
│         貿易産業省上級国務大臣      │
└─────────────────────────────────┘
┌─────────────────────────────────┐        ┌──────────────────┐
│ 執行審議会                        │────────│ 国際アドバイザリー・パネル │
│  共同議長：環境水資源省事務次官      │        └──────────────────┘
│         貿易産業省第二事務次官      │
└─────────────────────────────────┘
┌─────────────────────────────────────────────────────┐
│ 環境・水産業開発評議会                                  │
│  議長：公益事業庁長官                                   │
│  上級副議長：国家環境庁長官                              │
│  副議長：経済開発庁副長官                                │
│ （メンバー）                                           │
│  環境水資源省、公益事業庁、経済開発庁、国家環境庁、国家事業庁、スプリング・シンガポール、│
│  シンガポール国立大学、南洋理工大学、科学技術研究開発庁        │
└─────────────────────────────────────────────────────┘
       │                    │                    │
  ┌─────────┐         ┌─────────┐      ┌─────────────────┐
  │ 技術開発   │         │ 国際化    │      │ 産業クラスターの構築 │
  └─────────┘         └─────────┘      └─────────────────┘
```

（出所）PUB資料。

社、ウル・パンダンのNEWaterプラントはケッペル社、チャンギのNEWaterプラントはセムコープ社が受注している。

　これは結果論であるが、国内の主な水関係施設は一企業に偏ることなく、3社均等に受注しているのである。そこに、シンガポール政府の3社に対する水ビジネスの海外展開を支援する意図が読み取れる。すなわち、国内での事業経験を得ることにより、国際受発注で一般的に用いられている、「同種の事業を実施した過去の経験」という入札条件を獲得することとなる。

　シンガポールの企業は、政府と協力しながら、CH2M HillやBlack & Veatch（ブラック・アンド・ビーチ社：米系コンサルティング・ファーム）などの外国資本のコンサルティング・ファームを活用して、水処理

関係のプラント受注を積極的に行っている。シンガポール政府は、コンサルティング・ファームについても、素材・部品関係の企業と並んで積極的にシンガポールへの誘致を行っている。一般的に、発展途上国が水ビジネスの入札を行う際には、発展途上国自身にそれらを行う経験、知見が必ずしもないため、入札条件を決めたり、入札企業を決めたりする際に、コンサルティング・ファームに頼ることが多い。したがって、入札条件が明らかになってから対応する日本企業と違い、シンガポール企業は、入札前からコンサルティング・ファームと良好な関係を持つことにより、自社の得意分野が活きる入札条件になるよう誘導していると思われる。

### (4) シンガポールの水資源戦略の個別アイテムを明らかにする

①NEWaterプロジェクト

ニューウォーター（NEWater）プロジェクトは、2002年から本格的に始まったが、その内容は、台所やトイレの排水を処理し、飲用可能なレベルまで浄化して、再使用するという構想である。現在、ベドック、クランジ、セレター、ウル・パンダン、チャンギの5工場が稼働中である（図7-3）。

なお、ウル・パンダン及びチャンギのNEWaterプラントは、DBOO（Design-Build-Own-Operate）方式と呼ばれるPPPにより建設・運営されている。その処理プロセスは、いったん下水処理場で処理した一次処理水を精密ろ過あるいは限外ろ過した後に、逆浸透ろ過を行い、最後に、紫外線による殺菌を行うプロセスである。

その使用用途の1つとして、飲料水があるが、その場合、再生水はそのまま供給するのではなく、使用者の受容性に配慮して、いったん、貯水池に再生水を投入した後で、通常の上水処理を経て供給している。また、その他に、産業用としても多く活用されている。具体的には、ビル

### 3　シンガポールのNEWaterプラントの所在地

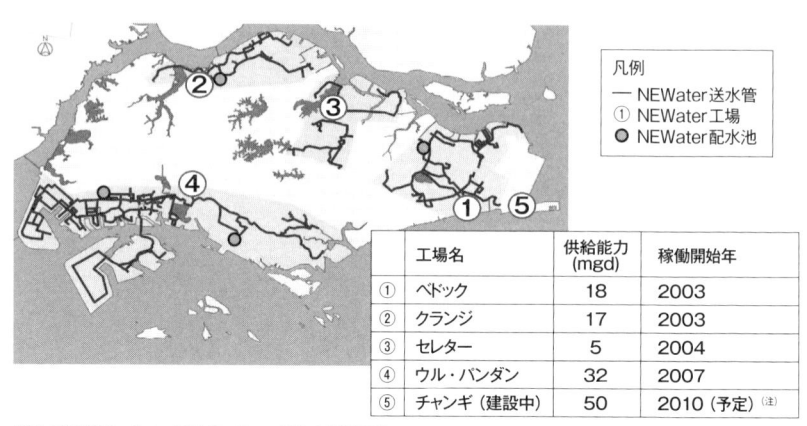

| | 工場名 | 供給能力(mgd) | 稼働開始年 |
|---|---|---|---|
| ① | ベドック | 18 | 2003 |
| ② | クランジ | 17 | 2003 |
| ③ | セレター | 5 | 2004 |
| ④ | ウル・パンダン | 32 | 2007 |
| ⑤ | チャンギ（建設中） | 50 | 2010（予定）(注) |

凡例
— NEWater送水管
① NEWater工場
● NEWater配水池

(注) 試験運用のため、2009年7月、一部分が稼働開始。
(出所) 清瀬［2009］。

　の冷房装置の冷却水のほか、半導体製造工場で必要不可欠な超純水としても利用されている。

　また、シンガポール政府は、国民、特に小中学校の生徒に水資源の重要性とNEWaterプロジェクトに対する理解を深めるための施設として、NEWater・ビジター・センターを開設している（図7-4）。この施設は、世界各国の行政実務者や業界関係者にも視察できるようになっている。したがって、この施設の視察を通じて、シンガポール企業の技術力を内外に示すとともに、海外受注を優位に進めるためのショールームの役割も果たしている。チャンギ空港の近くに立地しているため、事前予約制ではあるが、入国や出国の空き時間に視察することが可能となっている。

②ウォーター・ハブ（Water HuB）
　ウォーター・ハブは、ウル・パンダン下水処理場に併設した水ビジネ

図7-4　NEWater・ビジター・センター

スに関するインキュベーション施設であり、2004年に設立された。

　その目的は、水ビジネスを活性化するため、国内外の行政実務者等に対して研修プログラムを提供するとともに、水ビジネスの拠点として、水ビジネスを振興することにある。具体的には、産官連携による迅速な事業化、水に関する最先端技術の学習、国際化ネットワーク構築などを行っている。

　この施設には、PUBの研究機関が入居しているほか、シーメンス、スエズ、日東電工などのR&Dセンターも入居している（図7-5）。また、ウォーター・ハブは世界最先端の分析装置を持っており、入居している企業はそれら設備を利用することが可能なほか、ウォーター・ハブに隣接するウル・パンダン下水処理場の施設を使った実証実験が可能となっている。

　PUBが、企業の要望に応じ、さまざまな実証実験をアレンジするので、ウォーター・ハブの入居者は、水の再利用や浄水に関するさまざま

### 図7-5 シーメンス、スエズ、日東電工などの研究施設が入居する ウォーター・ハブの外観

(出所) PUB提供。

な実証研究が可能となっている。また、ウォーター・ハブ内ではセミナーなどが月1～2回程度開催されており、このような場を活用して、水ビジネスの最新の情報が入手できるほか、自社の技術力をアピールする場として活用することも可能である。

③ウォーター・ハブに入居する日東電工

日東電工は、2008年6月にウォーター・ハブに入居し、膜技術の研究などを行っている。日東電工がシンガポールで研究開発を行うメリットは、実証研究環境が充実していることに加え、世界へ情報発信力が高いところにあるという。シンガポールは、実験場でもあり、エンドユーザーでもあるほか、輸出主体にもなりうるため、そこで認められた技術は、シンガポール企業を通じて海外に売り込める可能性も秘めている。すなわち、シンガポールのプラントメーカーが世界市場においてある水処理施設を受注したならば、シンガポールで認められた技術・装置を活用する蓋然性が高いのである。

シンガポールからは、インド、オーストラリア、インドネシアなど消費地にアクセスしやすく、それら地域が今後の水ビジネスの中心になる可能性が高い。日本の代表的な企業とアライアンスを組んだとしても海外市場で受注できるかどうかわからないので、その保険という意味もあるのであろう。

一方、シンガポールは国土が狭いので、設置にあまり土地を必要としないMBR（膜式活性汚泥法）のニーズは高い。日本企業は、MBRに用いられている膜の競争力を有しているが、MBRは土木工事とプロジェクトマネジメントのウェイトが高く、ここは日本が弱いところである。

MBRは膜の製法からそのシステム化までを特許化できるため、日東電工は、シンガポールにおける実証研究をもとに、膜及びそれを用いた処理システムとして特許化することを目指している。また、オペレーションは、現場での実証がノウハウになるため、この技術もウォーター・ハブで入手しようと考えているという。

④SIWW（Singapore International Water Week）

水ソリューションのグローバル・プラットフォームとして、政策決定に関わる政府機関関係者から、水ビジネスのリーダー、専門家、実務担当者までが幅広く集め、水問題に関する議論、最新の水技術のショーケース、ビジネス・パートナー探し、水分野に関する最新情報の共有を行う場として、2008年6月に第1回SIWW（シンガポール国際水週間）が開催され、79カ国から約8500人が参加した。

また、第2回は、2009年6月22日から29日まで、「持続可能な都市——水インフラと技術」をテーマに開催された。その期間中、水リーダーサミット、水エキスポ、ビジネスフォーラムが開催されたほか、チャンギNEWaterプラントのオープニングセレモニーも開催された。特に、水エキスポでは、水処理技術やソリューションの買い手と出展者を

つなぐバイヤーズ・パビリオンが設けられたほか、水関連業種間交流などが、今回新たに催された。

　また、水関連のファイナンス面についての議論の場として、今回新たにファイナンス・フォーラムが開催され、世界銀行、国際協力銀行（JBIC）、各国の投資銀行、水関連企業が一同に会し、マッチングが行われた。また、第1回に引き続き、「リー・クワンユー水賞」の授賞式も行われた。

　このSIWWはまだ2回しか開催されていないが、世界各国の水ビジネスの関係者がシンガポールを水ビジネスの中心地であるという認識を深めつつあり、世界市場におけるシンガポール企業の存在感を高めている。

⑤シンガポール国立大学
　シンガポール国立大学リー・クワンユー公共政策大学院は、3つの修士課程と博士課程があり、海外留学生が80％を占め、LSE、ハーバード大学、東京大学とも提携関係にある。2008年6月にはシェンロン首相により、この公共政策大学院にInstitute of Water Policy（IWP：水政策研究所）の設立が宣言され、同年10月に設立された。

　IWPでは、効果的な水政策の研究、水政策研究ネットワークの強化等を目的としており、将来的には、水のグローバルなネットワークを作り上げ、水に関する国際的なハブとして、さまざまな水関係の政策の結節点になることを考えている。

　ちなみに、公共政策大学院には、5つの研究所があり、IWPはその1つである。また、この公共政策大学院には、水政策の修士課程はないが、水政策の選択講義を行っている。他方、IWPの研究対象は水政策が中心であり、技術的な研究開発は行っていない。なお、シンガポールにおいて水関連の技術的な研究開発を行っているのはPUBのほか、南洋理

工大学がある。
　また、IWPでは、大学院のエグゼクティブ・プログラムの一環として、アジア開発銀行（ADB）と共同でアジアの都市水管理政策に関するベスト・プラクティスの研究を行っている。直近10年以内の水政策の成功事例としてシンガポール、バンコク、クアラルンプール、コロンボ、デリー、中国など8カ所を選定し、今後、それぞれのケースについて詳細な研究を行う計画であるという。
　さらに、現在、IWPは、シンガポールをモデルに水フローを定量的に分析するモデルの構築の研究を行っている。将来的には、このモデルを用いて、東南アジア全体を対象として分析する計画であるとのことである。

⑥南洋理工大学と共同研究をする東レ
　東レは、第2回シンガポール国際水週間の期間中に南洋理工大学の南洋環境・水研究所と共同研究に関する覚書を締結した。この覚書に基づき、2009年8月に、シンガポールの南洋理工大学に、水処理技術の技術開発を行う「Toray Water Laboratory」（東レ水研究所）を設立した。
　この東レと南洋理工大学との共同研究では、シンガポールの水資源を統括・管理するPUB（公益事業庁）と経済開発庁のバックアップのもと、主に膜利用水処理技術を中心とした研究開発を行うこととしている。
　他方、東レは、2007年12月にPUB（公益事業庁）と水処理に関する共同研究に関する覚書を締結している。そのなかで、東レは膜及びその使用に関するノウハウを提供し、公益事業庁はプラントの運営・管理に関するノウハウと共同実験場所を提供し、16インチの大型RO膜等を用いた下水再利用のパイロットテストを行っている。
　また、PUB（公益事業庁）との共同研究に関する覚書は、東レとシンガポールの大学若手技術者の交換派遣による教育・育成を行うことも目

的としており、南洋理工大学の覚書で行われる共同研究は、その一環ともなる。

### (5) シンガポールの勝ち組水ビジネス企業——ハイフラックス社

　ハイフラックス社は1989年に設立され、昨今、水ビジネスの分野で急速に成長している。これは創業者であるオリビア・ラム氏によるところが大きく、早くから世界の水ビジネス市場が急激に成長すると予測し、その市場に対し精力的に参入を試みるなど先見の明があったからだといわれている。

　オリビア・ラム氏は、シンガポール国立大学を卒業し、化学の専門家として英国系医薬品会社で3年働いた後、水処理に関する薬剤や装置類を販売する会社を創業した。当初は、日本の企業から水処理製品を輸入して販売していた。その後円高が進んだため、部品を輸入して自社で水処理製品を組み立てる方式にビジネスモデルを変更し、さらに成長した。

　その後、サステナブルな企業運営をするためにはコア・テクノロジーを持つことが必要不可欠と考えはじめた。さまざまな展示会に行き、自社のアドバンテージとなるコア・テクノロジーを探し、その過程で、膜技術の重要性を認識するようになった。たまたま膜製品を出展していたイスラエルの研究者に出会い、その膜製品の将来性を再確認した。

　しかし、ビジネス・パートナーでなければ重要な話はできないと断られたため、その研究者が所属する会社と契約をし、膜ビジネスや膜技術のノウハウを吸収していった。さらにその会社の製品の東南アジア地域の販売を行うとともに、中国にもその販売先を広げ、成功を収めていった。

　しかし、その後、このイスラエルの企業がアメリカ企業に買収され、事業継続が困難になってしまった。このときオリビア・ラム氏は、技術

は自分で持っていなければならないと痛感したという。それを契機として、オリビア・ラム氏は、研究者を雇いはじめ、今ではシンガポールだけで22人のPh.D.（博士号）ホルダーと100人の研究者を配置し、自社技術の確立を目指している。

　ハイフラックス社は、大学との共同研究にも積極的に取り組んでいる。シンガポールの2大大学（シンガポール国立大学と南洋理工大学）はもちろん、中国の大学とも共同研究を行っている。また、オランダの研究関連の会社を買収し、多角的な研究開発を行っている。

　ハイフラックス社は、装置販売からスタートして、今ではプラントの建設からオペレーションまで手がけている。工場全体の運営、機械管理、電気機械のプロセス構築、土木工事までも行っている。将来のビジネス・コンセプトは、装置販売でなく、水を売るというビジネスモデルを構築することにあるという。顧客とは設備建設の契約ではなく、長期間水を売買するという契約を結び、ハイフラックス社が運営とメンテナンスと水の安定供給を行い、その代わりに、顧客が一定単価で安定した水量の供給を約束するというビジネスモデルである。

　一方、今のところ、ハイフラックス社はRO膜の製造は考えていないという。RO膜はすでに寡占市場であり、今から参入したとしても大きな果実を得ることは難しいと考えたからという。そもそもハイフラックス社はケミカルカンパニーであるので、RO膜では競争に勝てないと思っているということもある。前処理やシステムデザインやさまざまなサプライヤーと協力して1つのプロジェクトを構築するトータル・コーディネートが強みであると自己分析している。

　ハイフラックス社の国内受注状況を見てみると、NEWaterプラントのベドックを受注した後、2002年12月にNEWaterプロジェクトのセレターを受注した。また、海水淡水化施設については、2003年1月、国内初の海水淡水化プラントのトゥアスを20年間のBOO事業として受注

した。一方海外では、2007年3月には、アルジェリア・トレムセンの海水淡水化施設の建設・運営を25年のコンセッション契約で受注した。この施設は装置を中国で作り、性能確認後分解して、現地で組み立てる予定であるという。また、2009年6月、海水淡水化施設整備に向けて、リビア政府の淡水化公社と合弁会社設立で合意しており、着々と海外展開を進めている。

　さらに、ハイフラックス社は、2009年8月、国際協力銀行（JBIC）と協力覚書を締結している。これは、ハイフラックス社が日本のメーカーや商社などと組んで、中国、インドなどのアジア諸国や、中東、北アフリカなどで、海水淡水化や排水再生などの水処理を実施する場合に、国際協力銀行（JBIC）が融資・出資などの投融資を検討するという内容である。

　一方、中国市場について考えてみる。ハイフラックス社は1993年に中国に進出して今では46カ所で事業を行っており、中国だけで1000人社員がいる。特に、上海では実用化に向けた研究開発を行っている。中国における売上げは、年によって違うが、おしなべて全体の約半分程度を占めている。中国では、ヴェオリアなど海外水メジャーが沿海部の豊かなところをターゲットとしているのに対し、ハイフラックス社は内陸部で市場開拓をしているため、海外水メジャーと競合していないという。ハイフラックス社は、今後のキーマーケットを中国のほか、中東、北アフリカ、インドなど水不足の国だと考えており、それらの市場参入を積極的に展開している。

　ハイフラックス社は、今までの受注経験から、価格競争だけでは勝てないということを実感しており、信頼性の高さ、納期の遵守や技術力などで顧客に価値を与えることが重要であると考えているという。

## 2 スペインの国家戦略[2]

　スペイン南部は、長年にわたって水不足に悩まされてきた地域である。スペイン政府は、スペイン南部のカナリア諸島を中心として観光誘致による経済発展を目指し、これらを実現するため海水淡水化事業を長年にわたって支援してきている。

　例えば、1964年にカナリア諸島のランサローテにヨーロッパ初の海水淡水化プラントを建設している。その後、スペイン全土に海水淡水化プラントの建設を進め、現在では国内に700基以上にのぼる海水淡水化プラントの建設を行っており、中東に次ぐ淡水化容量を誇っている。さらに、2004年に誕生した現政権は、さらにスペイン南部に20基以上の海水淡水化プラントの建設計画を打ち出している。

　このように、国内の海水淡水化プラントの建設に伴い、スペインの水関連企業には海水淡水化プラントの建設・運用の経験が蓄積されてきた。そのようななか、近年、政府等の支援のもと、これらスペイン水関連企業の国際展開が加速されている。

　ただし、スペインの水関連企業は海外水メジャーのような巨大企業はなく、排水処理、水供給、管理運営等に専門分野別に分かれた企業が数多く存在している。しかし、各社とも国内に建設されたプラントでさまざまな経験を積んできており、海水淡水化技術と実績を備えた企業の数は世界トップレベルであるといわれている。

　具体的には、RO膜については日本やアメリカのメーカーが強いが、海水淡水化プラントの部品製造については、高い技術力を有する企業が多くあるといわれている。例えば、耐腐食性の高い素材や高圧バルブ、省エネ型ポンプやモーター等についてはスペイン企業の存在感が高い。

### 表7-3 スペインの代表的な海水淡水化関連企業

| 企業名 | 概要・国際展開状況 |
|---|---|
| アシオナ（Acciona）<br>（旧プリデサ（Pridesa）） | ・Accionaによる買収以前の親会社はテムズ・ウォーター |
| イニマ（Inima） | ・親会社は国際的な建設会社アブラスコン・ワルテ・ライン（OHL）<br>・世界各地で数十基の海水淡水化プラントを稼働<br>・近年アメリカボストンの海水淡水化プラントを着手<br>・メキシコ初の海水淡水化プラントの建設と運転を担当 |
| ベフェーサ（Befesa） | ・アルジェリアでの海水淡水化事業を先駆け実施<br>・インド初となる海水淡水化プラントをチェンマイに建設<br>・海水淡水化用RO膜の別用途での再利用研究中 |

（出所）三菱総合研究所［2009］。

　このように、国内で豊富な実績を有するスペインの水関連企業は、複数企業とアライアンスを組みながら、世界中の海水淡水化プラントの設計、エンジニアリング、建設、運用等への進出を始めている。スペインの代表的な海水淡水化関連企業と国際展開状況を表7-3に示した。

## 3　韓国の国家戦略[3]

　韓国環境部は2007年7月に「水産業育成5カ年細部推進計画」を発表し、「現在11兆ウォン程度の国内水関連産業の規模を2015年までに20兆ウォン以上に育て、世界10位圏に入る企業を2つ以上育成する」という計画を打ち出している。この計画を受けて、韓国国内における水関連事業の民営化を含む水産業支援法の成立を目指していたが、現在のところ、民営化問題について議論がまとまらず法制化には至っていない状況にある。

　韓国政府としては、国内水関連ビジネスを育成する具体的な方法とし

て、水関連分野の研究開発支援による国際競争力向上の促進を積極的に行っている。特に、2006年末に発表された海水淡水化関連技術開発プロジェクト「SEAHERO」(Seawater Engineering Architecture High Efficiency Reverse Osmosis)は、期間5年8カ月、予算規模1600億円の大規模プロジェクトとなっている。具体的には、4つのコア・テクノロジーグループを設け、25大学、6研究機関、28社の民間企業から約500人の研究者が参加するナショナル・プロジェクトとなっている。

韓国の水関連企業は、多段フラッシュ法 (MSF) を用いた海水淡水化の分野では世界市場をリードしてきたが、市場はRO膜による海水淡水化に重点が移りつつあるため、本プロジェクトでは、膜法による海水淡水化事業、特に大規模プラントの効率化に向けた研究開発を実施している。

また、環境部が中心になり、韓国環境技術振興院、水処理先進化事業団、水資源公社、ソウル大学など産官学を挙げて水ビジネス育成プロジェクトを推進している。これが、水処理関連を含む共同研究開発事業のECO-STAR計画 (Eco-Science Technology Advancement Research) と水処理膜開発事業のSMART project (Safe, stable and sustainable Membrane Aqua Renovation and Technology) である。いずれのプロジェクトも国内のみで終わらせずに、海外への進出を最終目標としている。

韓国における主要水関連企業の1つとして斗山重工業 (Doosan) が挙げられる。同社は、1962年に設立され、原子力、火力、水力など300基以上のさまざまなプラントを建設している。現在も韓国のみならず、アメリカ、インド、中国などの国で60以上のプラントを建設中である。水事業については、1989年から海水淡水化プラントに参入している。

同社の特徴は、多段フラッシュ法 (MSF)、多重効用法 (MED)、逆浸透法という3つの主な淡水化方法いずれも対応できる点である。そのなかでも、多段フラッシュ法 (MSF) における同社の世界シェアは40%を

超えている。

【注】
(1) 浅野ほか［2008］、清瀬［2009］等を参考にした。
(2) 三菱総合研究所［2009］等を参考にした。
(3) 三菱総合研究所［2009］等を参考にした。

# 第8章 ウォーターバロンの戦略

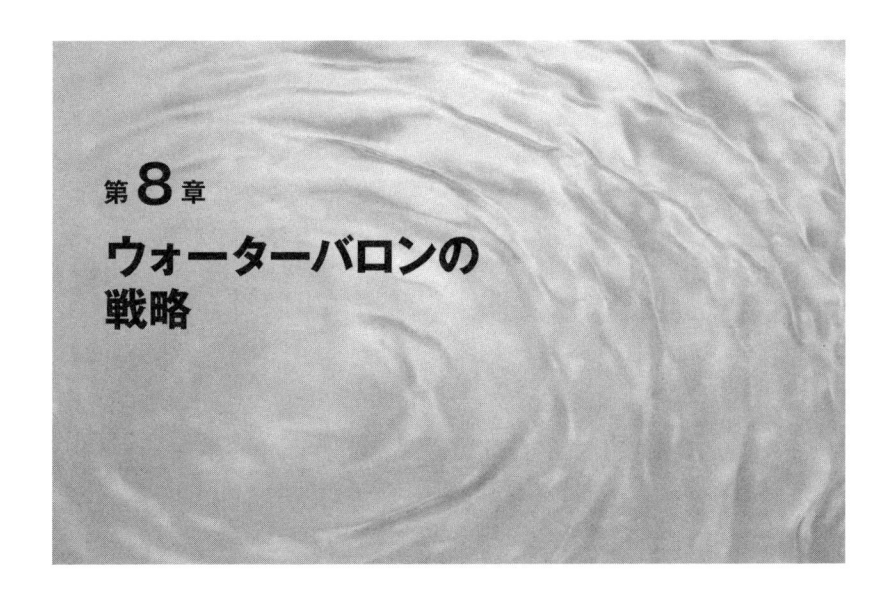

◎**本章の内容**

　欧州企業のヴェオリア、スエズ、テムズはウォーターバロン（Water Baron：水男爵）と呼ばれ、19世紀からの水道事業の経験を踏まえ、世界各国に進出している。具体的には、企業買収を契機にアメリカに参入したほか、発展途上国には水道事業の民営化とセットで参入を果たしている。また、最近、特に中国への進出が著しい。一方で、世界各国への進出に伴い、さまざまな問題を起こしている。以上を踏まえ、ウォーターバロンは、どのような戦略で水ビジネスの海外展開を考えているのか、その実情を探る。

　他方、GE、シーメンスは、M&Aで水ビジネスの技術・ノウハウを獲得し、ウォーターバロンと異なったビジネスモデルで水ビジネスへの新規参入を果たしている。一方、IBMは、コンピュータ・ネットワークの構築といったコア・コンピタンスを活かし、スマートグリッド[1]や水供

給のトータル・マネジメントに参入してきた。なぜ、彼らが水ビジネスに進出したのか、その企業戦略に迫る。

# 1 ウォーターバロンの企業戦略を探る

　上下水道事業は本来、公的セクターが社会インフラ整備として行う事業であるという認識が一般的である。しかし、フランスは日本と比較して地方公共団体の規模が極端に小さく、行財政能力が低かったため、従来から民間企業が上下水道事業をはじめとする行政サービスを行ってきた。それが、フランスで比較的早い段階から上下水道事業の民営化が進んできた理由である。

　他方、昨今、他の先進国では公的セクターの財政難から施設の老朽化に対応することが難しくなっている。また、上下水道事業のインフラ整備そのものにも公的資金が不足している。こうしたことを背景に、1990年代前半から、欧州を中心に上下水道の民営化が急激に進んできている。

　それに呼応するかたちで、ウォーターバロンは、民営化こそが、世界の水問題を解決する唯一の手段であるとして世論を誘導してきた。

　具体的には、1997年、世界水会議（WWC: World Water Council）が事務局となって、専門家、政治家、民間企業やNGOを含めた世界の水問題に関心を持つあらゆる人が集まって世界の水政策について議論する「世界水フォーラム」（World Water Forum）が、モロッコのマラケシュで開催された。

　ちなみに、この世界水会議（WWC）はフランスのマルセイユに本拠地のある民間シンクタンクであり、その代表のルイ・フォション（Loic Fauchon）はスエズの子会社であるマルセイユ水道サービスの会長でも

ある。つまり、WWCはウォーターバロンが強く影響力を持つ団体であると想定されるのである。その後、2000年、第2回「世界水フォーラム」がオランダのハーグで開催され、そこで、「フルコスト・プライシング」（水道事業にかかった費用の全額を地域の消費者から取り戻す）の考えが打ち出されている。

これに対してNGOは、フルコスト・プライシングでは貧困層は水道料金が支払えずに水の供給から除外され、保険衛生上の問題も発生すると主張し、議論は平行線に終わった。ちなみに、この「世界水フォーラム」は現在まで5回開催されており、2003年の第3回は京都で開催されている。直近では、第5回の会議がトルコのイスタンブールで開催されている。

だが一方、ウォーターバロンの考えを踏まえ、欧州復興開発銀行、国際通貨基金（IMF）、世界銀行などは、発展途上国に対する融資の条件に、「水の自由化・民営化」を加えている。その結果、発展途上国の水道民営化は、世界銀行などによる融資供与と引き換えに行われてきた。

そもそも、水にアクセスしにくく、まともな社会的基盤のない地域で水道事業を立ち上げるには膨大な資金とノウハウが必要であり、このような事業に対応できるグローバルな水企業はウォーターバロンなど数えるほどしかない。よって、水道事業の民営化はウォーターバロンにメリットとなることは間違いない。以上の結果、発展途上国に参入したウォーターバロンは、フルコスト・プライシングの観点から料金値上げを繰り返し、地元住民の支払い能力を考慮することなく水の供給を止めているケースも見受けられる。実際、投資に対するリターンが一定水準以上確保できないと撤退してしまうケースも出てきている。

このようななか、民営化された上下水道事業ではいくつかの問題が生じている。1993年、アルゼンチン政府は、世界銀行、国際通貨基金（IMF）、アメリカ政府の強い要請を受け、ブエノスアイレスの水道を民

営化した。その結果、ジェネラル・デソー（現ヴェオリア・ウォーター）とリヨネーズ・デソー（現スエズ）の合弁会社であるアグアス・アルヘンティーナ（Agnas Argentinas）と30年のBOTコンセッション契約を結んだ。その際に、アグアス・アルヘンティーナは水道料金の引き下げと、上下水道サービスの改善・拡大を約束した。しかし、民営化前に数度にわたり水道料金が値上げされ、契約から1年もたたないうちに、上下水道整備の約束は反古にされた。

　これらを背景に、市民の中で抗議行動が起き、最終的には、2006年、アルゼンチン政府は水道事業の再国営化を宣言し、それを反映させるかたちで、ブエノスアイレスは30年のBOTコンセッション契約を破棄した。そのような類似例は、南アフリカ、コロンビア、インドネシア等にも生じており、ある地域では係争にも発展しているという。

　水道事業は世界の水問題の深刻化を背景に大きな需要が見込まれるが、前述のとおり、水供給事業全体を管理する主体は少数のグローバル水企業に限られている。ヴェオリア、スエズ、テムズといったウォーターバロンは、維持管理・運営サービスを軸に、取水から資機材調達、浄水、顧客への送水、排水まで、広く「水のバリューチェーン」全体を管理している。

　一方、水道事業は施設整備などの初期投資が膨大なため、資金の確保が重要な鍵を握っているのである。したがって、膨大な投資に対応するキャッシュフローを確保するため、ウォーターバロンはその企業規模を拡大していった。あわせて、低利で大量の資金調達が必要となってくる。そのため、ウォーターバロンは、その必要な資金を投資ファンド等から調達している。

　ひるがえって資金供給側の視点から見ると、水道事業の委託契約は10年から30年と長期であるため、安定した投資配当が期待できるメリットがある。したがって、さまざまな水関連の投資ファンドは、年金

基金や個人投資家にとって魅力的な投資先となっており、活況を呈している。

具体的には、海外ではスイスのピクテ銀行が今から30年前に複数の水企業の株式に対する投資ファンドを立ち上げている。その後、世界各国でいくつもの水関係の投資ファンドを立ち上げている。

一方、日本では、2004年3月に野村アセットマネジメントが「ワールド・ウォーター・ファンド」を立ち上げている。これは、高い成長または安定した収益が期待される企業を対象に銘柄を選定しているという。このなかには、もちろん、ヴェオリア、スエズなどのウォーターバロンも入っている。

また、2007年6月、日興アセットマネジメントは「グローバル・ウォーター・ファンド」を、2007年7月、三菱UFJ投信は「グローバル・エコ・ウォーター・ファンド」を立ち上げている。現在、水企業の業績は好調のため、結果として株価が上昇し、投資ファンドの運用成績もよくなっている。さらに野村證券は2007年8月から「野村アクア（水）投資」の販売を始めた。これは、世界の水関連企業の株式に投資し、積極運営するものであり、水関連企業として選んだ400社の中からサステナビリティの概念も加え、投資銘柄を選定している。

ウォーターバロンがウォーターバロンたるゆえんは、単に、オペレーションとメンテナンスなどの技術的なノウハウの蓄積があるからというわけではなく、長期契約手法、資金調達、事業コスト削減手法、リスクヘッジ等の事業運営に関するノウハウが蓄積されているからだと思われる。

最近、日本の地方公共団体では、技術的なオペレーションとメンテナンスのノウハウを持つ人材が多数いるという理由から、民間企業と協力して海外展開を試みる意向を示しているケースが見受けられる。ただし、過去の水道事業に関する地方公共団体の収支状況を見れば、地方公

共団体は事業運営に関するノウハウを全く持っていないということが明らかである。

仮にそれでもあえて水道事業の海外展開を試みるのであれば、過去の地方公共団体の第3セクターの運営の失敗の二の舞になるのではないかと危惧される。

## 2 ウォーターバロン各社の実態[2]

### (1) ヴェオリア・ウォーター

ヴェオリア・ウォーター（Veolia Water、仏）は、フランスのリヨン市の水道水供給事業のために1853年に設立されたジェネラル・デソーが母体となっており、現在、64カ国で事業を展開している。設立のきっかけは、ナポレオン3世が都市部の水道を運営する民間企業が必要と考え、勅令によりジェネラル・デソー社を設立したのにさかのぼる。

1980年代以降、廃棄物、輸送、エネルギー供給、建設業、不動産業などに進出し、1990年代以降は携帯電話、出版、マルチメディアに進出し、Vivendi Universalという複合企業として成長した。だが、2004年、Vivendi Universalから独立し、総合水事業、エネルギー事業、廃棄物処理事業等からなるヴェオリア・エンバイロメントを設立し、総合水事業はその傘下のヴェオリア・ウォーター（以下、ヴェオリア）が行うこととなっている（図8-1）。

一方、企業買収については、1994年、USフィルターを買収したが、2004年にシーメンスに売却している。ヴェオリアの水部門の売上げは126億ユーロ、給水人口は1億3900万人（2008年）となっている。

ヴェオリアでは、地方公共団体や民間（2007年実績：地方公共団体72％、民間28％）を対象に、アウトソーシングされた水管理事業を中

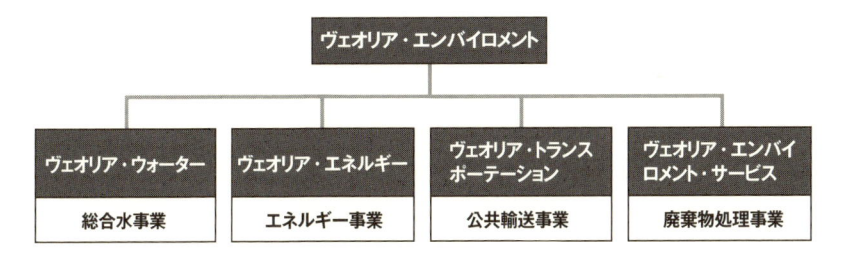

**図8-1　ヴェオリア・エンバイロメントの組織構成**

```
              ヴェオリア・エンバイロメント
    ┌─────────────┬─────────────┬─────────────┐
ヴェオリア・    ヴェオリア・    ヴェオリア・トランス   ヴェオリア・エンバイ
ウォーター      エネルギー      ポーテーション      ロメント・サービス
総合水事業      エネルギー事業    公共輸送事業       廃棄物処理事業
```

(出所)　ヴェオリア・ウォーター・ウェブサイト、三菱総合研究所［2009］。

心に取り扱っている。

　地方公共団体に対しては、主に水サイクル全般（自然界からの取水→飲料水の提供→排水の収集→排水の収集→自然界への放水）に関するサービスを提供している。さらに、必要に応じて、上流域の天然資源と下流域の環境保全、処理水の再利用等の支援サービス、最終消費者からの料金徴収・管理業務等も実施している。

　一方、民間顧客に対しては、取水、脱塩から、プロセス水の製造、排水やスラッジの処理・再生にわたるさまざまなサービスを提供している。

　いずれにしても、ヴェオリアは、地方公共団体に対しても、あるいは、民間顧客に対しても、それぞれのニーズに応じ自らの事業内容、サービスを感知し、提案する柔軟さを持っている。

　次に、海外への進出状況について考えてみる。ヴェオリアは中国の水ビジネスにおけるパイオニア的な存在である。1998年、ヴェオリアは、丸紅と合弁会社「成都通用水務・丸紅供水有限公司」を設立し、中国政府が初めて水道事業を国際入札にかけた四川省成都の浄水場建設をBOTコンセッション契約で受注している。

　また、2002年には、上海市浦東区の50年間の契約で水道サービスを

運営する権利を得ている。ここでは、6カ所の浄水場の運営から2500kmにわたる配管、92万個にわたる水道メーターの検針と料金徴収に至るまでの、上水道事業を運営している。

そのほか、天津、北京、ウルムチ等の水道事業の経営を行っている。ただし、ヴェオリアの地域ごとの売上高を見ると、フランスとフランス以外のヨーロッパで75％を占めており、中国をはじめとするアジア太平洋地域は10％にも満たない。だが、今後は中国をはじめとするアジア太平洋地域のシェアが徐々に増えてくるものと予測される（図8-2）。

ヴェオリアの得意とする事業は水道事業の運営である。単なる装置販売、すなわち、販売して代金を回収したら終わりということではなく、水道料金というかたちで、長期間、安定的な収入を得られるところに、そのメリットがある。

一方、水道事業は初期投資が大きいため、あるいは、水道管敷設など広い範囲で一企業が手がけたほうが効率性が高いため、ビジネス規模が相対的に大きくなる傾向にある。世界で水道事業を展開するためには、ウォーターバロンのようなコングロマリットの巨大な企業が活躍する蓋然性があると思われる。

また、ヴェオリアは、2002年5月にヴェオリアジャパンを設立して、日本における事業拠点としている。その設立以降、ヴェオリアジャパンは、いくつかの日本企業とのアライアンスを行っている。

まず、2005年6月、産業用水設備、排水処理設備のメーカーである昭和電工の子会社の昭和環境システムの49％の株式を取得し、2007年にはその過半の株式を取得した。また、2008年2月、中堅水処理企業である西原環境テクノロジーの株式を51％取得して子会社化した。さらに、DIC（旧・大日本インキ化学工業）の水処理子会社の大日本インキ環境エンジニアリングも80％弱の株式を取得してグループ子会社化し、経営者も派遣している。この連携は、これまで手薄だった半導体や

**図8-2　ヴェオリア・ウォーターの地域ごとの売上高**

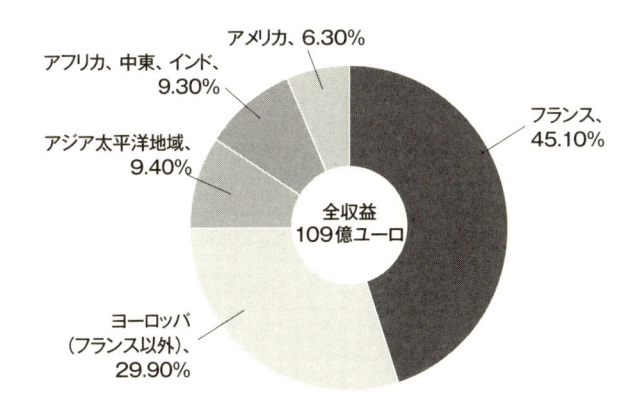

- アメリカ、6.30%
- アフリカ、中東、インド、9.30%
- アジア太平洋地域、9.40%
- ヨーロッパ（フランス以外）、29.90%
- フランス、45.10%
- 全収益 109億ユーロ

（出所）ヴェオリア・ウォーター・ウェブサイト、三菱総合研究所［2009］。

化学工業分野の排水処理などの産業分野の強化が狙いであった。以上も含め、国内のヴェオリアグループは、13社体制となっている。

最後に、ヴェオリアの日本の上下水道事業等への進出状況を見よう。

まず、2006年、広島市の西部水資源再生センター（下水処理場）の管理・運営を包括受注している。また、2007年には、千葉県と下水処理施設の契約を締結している。さらに、同年、三井鉱山が大牟田市と荒尾市において主に三井炭鉱関連向けに運営してきた水道事業を、ヴェオリアとJパワーが出資するフレッシュ・ウォーター・サービスが実施することとなっている。これらの受注ついては受注額が低かったことから、将来を見据えた先行投資ではないかとの批判もあったが、そのような批判を尻目に、日本国内で着実に実績を積み重ねていった。

最近では、2009年に千葉県手賀沼の下水処理場の業務を受注している。ここでは、今までの受注案件とは違い、ヴェオリアは、他の入札企業より高い入札額をつけたにもかかわらず、総合的な評価が高かったこ

とから受注したのである。これは、日本企業にとって強力な競争相手となる可能性が高くなったという証左である。

### (2) スエズ

1858年に創業したカンパーニュ・スエズ（Suez、仏）は、フェルディナン・ド・レセップスによってスエズ運河を運営するために設立された会社である（1869年開通）。一方、リヨネーズ・デソー（Lyonnaise des Eaux）は、1880年にリヨン市郊外の上下水道事業等を行う企業として設立された。1997年、上記のカンパーニュ・スエズとリヨネーズ・デソーが合併してスエズ・リヨネーズ・デソーとなり、2001年にはスエズ（仏）と改名した。その結果、現在は、電力、ガス、水道、廃棄物処理を中心とする欧州最大級の総合エネルギーグループとなった。

従来、スエズの上下水道部門は、リヨネーズ・デソーを通じて展開されていた。一方、デグレモン（Degremont）は1939年創設され、水処理エンジニアリングを行っていたが、2001年、それらを統合してスエズグループの一企業のオンデオ（Ondeo）となった。その後、2002年には、廃棄物部門を統合して、スエズ・エンバイロメントを設立した。その際、オンデオはスエズ・エンバイロメントの傘下で上下水道事業を行うリヨネーズ・デソーと呼ばれるようになり、一方、新規インフラ関連の海外BOTプロジェクトについては、オンデオから独立し、デグレモンとなった。その結果、スエズ・エンバイロメントは、欧州水事業、欧州廃棄物事業、国際事業の3つの事業部門から成り、欧州水事業の中のリヨネーズ・デソーが、国際事業の中のデグレモンが水事業を実施することとなった（図8-3）。なお、スエズの上下水道部門の売上げは1兆5000億円、給水人口は1億2500万人である（2007年）。

同社は、2006年2月にイタリアの電力大手エネルから敵対的買収を仕掛けられた。それに対しフランス政府は、フランス企業を守れとの号

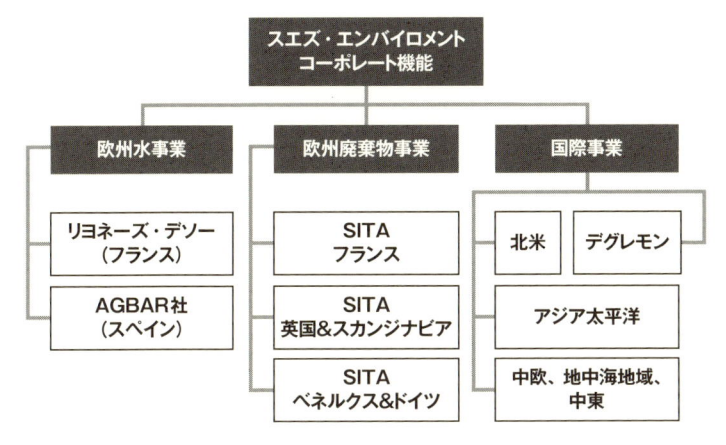

図8-3 スエズ・エンバイロメントの組織構成

```
              スエズ・エンバイロメント
               コーポレート機能
    ┌──────────────┼──────────────┐
 欧州水事業        欧州廃棄物事業        国際事業
 ┌────────┐     ┌────────────┐    ┌──────┬──────┐
 リヨネーズ・デソー   SITA             北米    デグレモン
 （フランス）       フランス
 AGBAR社         SITA             アジア太平洋
 （スペイン）      英国&スカンジナビア
                 SITA             中欧、地中海地域、
                 ベネルクス&ドイツ      中東
```

（出所）スエズ・エンバイロメント・ウェブサイト、三菱総合研究所［2009］。

令のもと、スエズ買収を阻止するため、GDF（Gaz de France：仏ガス公社）との合併を主導し、2008年7月に両社は合併している。

民間水道会社という概念はアメリカにとっては古くから知られており、新しい概念ではなかった。このようななか、スエズはアメリカの水道事業に積極的に参入していった。その大きな契機となったのは、2000年、スエズ・リヨネーズ・デソーが、アメリカ第2位のユナイテッド・ウォーターを買収したという事象である。これ以外にもスエズは、2002年、ニュージャージーに本拠を置く、USウォーターも買収している。

アメリカにおいて、スエズ等のウォーターバロンは、いくつかの問題を起こしている。例えば、ジョージア州アトランタ市は、1998年12月、浄水場の運転管理や管路の維持管理などを含む水道事業の運営をユナイテッド・ウォーターに委託した。同社は、その当時、スエズの子会社ではなかったが（前述のとおり、2000年から子会社化）、1994年か

らスエズはユナイテッド・ウォーターと「戦略的な提携」関係を築いていた。しかし、水道管理方法に関する苦情があったため、アトランタ市は2003年1月同社との契約を解消し、同市がふたたび水道事業を運営している。

一方、中国では、重慶、青島において上下水道を経営しており、さらには香港の新世界グループと合弁会社を設立し、中国での新たな市場開拓に邁進している。

### (3) テムズ・ウォーター

テムズ・ウォーター（Thames Water、豪）は、1973年に設立されたテムズ水道局が母体となっている。その後、英国内の多数の地域で水道局が統合、再編成した後、サッチャー政権が通信、ガス、空港などの国営公共事業の民営化を強力に進めたことに伴って1989年に民営化され、株式会社となった。サッチャー政権が水道事業を民営化した背景としては、民間への売却による売却益のほか、多額の資金が必要な水道インフラ事業を公共財政から切り離したかったからである。

2000年には、ドイツの電力系コングロマリットのRWE（Rheinisch-Westfälisches Elektrizitätswerk：ライン・ウエストファーレン電力会社）の傘下に入った。これは、民営化以降に新たに徴収されることが決まった税金を支払うための、あるいは、水道料金の引き下げの提言を実施するための資金確保が必要であったテムズと、国際水道事業への進出を狙うRWEの思惑が一致したからである。

その後、2001年には、北米地域の水道事業を相次いで買収し、北米最大の民間水道会社に成長したアメリカン・ウォーター・ワークスを買収した。さらに、2002年には、海水淡水化施設では定評のあるスペイン随一の水処理エンジニアリング会社のプリデサ（Pridesa）を買収した。

その後、RWEは、本業の電気、エネルギー関連のビジネスと比べる

と、水ビジネスは思ったほどの利益が得られないと判断し、収益の大きい電力・ガス等のエネルギー事業に集中するため、2006年、オーストラリアの投資銀行マッコーリー・グループに売却した。

すなわち、イギリスで根付いた水道技術を用いて海外に積極的な事業展開を続けているが、一方で皮肉なことに国内の水道サービスは外国企業によって提供されるということになっている。

## 3 ウォーターバロンに急迫する企業[3]

水事業では、装置、機器技術を基盤とするメーカー系事業者やIT企業の躍進も目立ってきている。例えば、欧米の大手メーカー系事業者は、エネルギー機器や電気機器、医療機器等、水関連プラント以外にも幅広い事業展開をしていることが多いほか、水以外の他分野で世界市場において営業開拓を古くから進めてきている場合も多い。そのため、日本のプラントメーカーやメーカー系事業者と異なり、買収によって水処理関連事業に資する技術シーズを整備したうえで、全世界に展開する営業拠点を活用してグローバルな事業展開を行っている。

また、ビジネスモデルとしては、メーカーとして装置の製造・販売を重視しつつも、例えば、海水淡水化事業等の水運営事業にも進出している。一方、グループ内にファイナンス担当企業を有することから、長期契約における保障が可能な形態を取っている。

なお、これらメーカー系事業者、後述するGEやシーメンスは、水供給事業者であるヴェオリアやスエズとは世界展開戦略で一線を画しており、上下水道事業の運営を目指した展開ではないように思われる。メーカー自らが有する技術力を中核とした、比較的高付加価値分野である産業排水処理等を中心にすえた展開であり、それに付随するニーズがあれ

図8-4　GEの組織構成

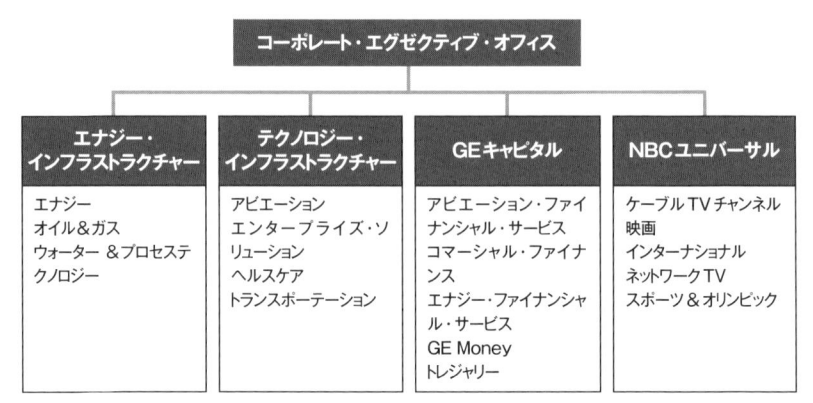

| コーポレート・エグゼクティブ・オフィス | | | |
|---|---|---|---|
| エナジー・インフラストラクチャー | テクノロジー・インフラストラクチャー | GEキャピタル | NBCユニバーサル |
| エナジー<br>オイル＆ガス<br>ウォーター＆プロセステクノロジー | アビエーション<br>エンタープライズ・ソリューション<br>ヘルスケア<br>トランスポーテーション | アビエーション・ファイナンシャル・サービス<br>コマーシャル・ファイナンス<br>エナジー・ファイナンシャル・サービス<br>GE Money<br>トレジャリー | ケーブルTVチャンネル<br>映画<br>インターナショナル<br>ネットワークTV<br>スポーツ＆オリンピック |

(出所) 日本ゼネラル・エレクトリック・ウェブサイト、三菱総合研究所［2009］。

ば海水淡水化や下水処理等の公共分野の水供給・処理事業を展開するといったスタンスであるように思われる。

　一方、IT企業であるIBMは、自らのコア・コンピタンスであるコンピュータやコンピュータ・ネットワークの技術を活かし、スマートグリッドや水供給のトータル・マネジメントに進出している。以下では、それぞれの企業の水分野の活動状況を紹介する。

## (1) GE

　米ゼネラル・エレクトリック（GE、米）のジェフリー・イメルト会長兼CEOは、「エコイマジネーション」戦略を提唱している。これは、エコロジー（環境）とイマジネーション（創意）を合わせた造語で、環境事業をGEの成長エンジンにしようと企図したものである。すなわち、GEを支えた中核事業の売却もいとわず、経営資源を環境、中でも水ビジネスに集中している。2005年に彼は、図8-4に示すような4分野に組織再編を行い、水部門を、エネルギーやインフラストラクチャーに関

### 表8-1　近年の買収事例（GEウォーター及びGE）

| 年 | 国 | 買収対象企業 | 買収額（千ドル） |
|---|---|---|---|
| 2002 | 米国 | ベッツ（Bets） | 1,800,000 |
| 2003 | 米国 | オスモニクス（Osmonics） | 277,600 |
| 2004 | 米国 | アイオニクス（Ionics） | 1,100,000 |
| 2006 | カナダ | ゼノン（Zenon） | 689,000 |

（出所）三菱総合研究所［2009］を参考に筆者作成。

するビジネスを行う「エナジー・インフラストラクチャー部門」に位置づけた。

　GEは過去数年、エンジニアリング企業に加え、薬品メーカーや膜メーカーなどを次々と買収している。具体的には、GEは水処理薬品会社のベッツ（Bets）（米）、水質管理会社のアイオニクス（Ionics）（米）、RO膜のオスモニクス（Osmonics）（米）、そしてカナダの水処理膜会社でUF膜では世界トップのゼノン（Zenon）を買収し、水処理事業の技術レパートリーを増やしている（表8-1）。強みは水処理薬品分野であり、産業分野での冷却水管理、プロセス水製造、排水処理等を得意としている。2007年にはこれらの子会社を統合してGEの一部門として加え、自ら「水の総合デパート」を標榜している。

　膜技術の中でも、メインは海水淡水化技術、下水道再利用技術で、アルジェリアのハンマ海水淡水化施設、クウェートのスレビア下水道再利用施設ですでに実績がある。加えて、2008年の北京オリンピックのメインスタジアム「鳥の巣」では、GEが雨水浄化や飲料水の供給システムを受注している。

### (2) シーメンス

　シーメンス（Siemens、独）は、中長期的な世界の水需要拡大を背景

### 図8-5　シーメンス・ウォーター・テクノロジーの組織構成

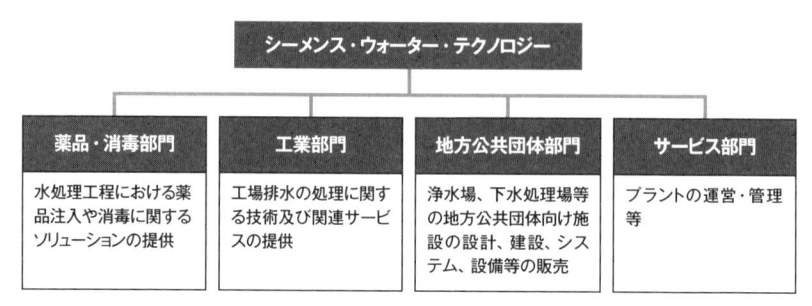

```
                    シーメンス・ウォーター・テクノロジー
        ┌──────────────┬──────────────┬──────────────┐
   薬品・消毒部門      工業部門      地方公共団体部門    サービス部門
   水処理工程における薬  工場排水の処理に関  浄水場、下水処理場等  プラントの運営・管理
   品注入や消毒に関する  する技術及び関連サー の地方公共団体向け施  等
   ソリューションの提供  ビスの提供        設の設計、建設、シス
                                      テム、設備等の販売
```

（出所）シーメンス・ウォーター・テクノロジー・ウェブサイト、三菱総合研究所 [2009]。

に、水ビジネスでの攻勢を強めている。具体的には、2004年に買収したUSフィルター（US Filter）を核に、水ビジネス部門を再構成して設立したシーメンス・ウォーター・テクノロジー（Siemens Water Technologies）が中心となって水ビジネスを行っている。シーメンス・ウォーター・テクノロジーの組織構成は図8-5のとおりである。

　最近の買収事例としては、前述のとおり、2004年、ヴェオリアからUSフィルター（US Filter）を買収した。次いで2005年、オーストリア最大の元国営重工業グループであるVAテクノロジー（VA Technologie）を買収している。なお、この買収は水部門に限らず、製鉄等の重工業部門にまで及ぶものであったため、買収金額が高額になっている。さらに、2006年に買収したモノセップ（Monosep Cooperation）は、米国におけるガス・石油プラント向けの水処理事業者である（表8-2）。

　一方、2006年、中国の再生水分野のシステムインテグレーターであるCNCウォーター・テクノロジー（CNC Water Technology）を買収している。同社の買収後、シーメンスは、USフィルターの事業範囲であった米国から、その他の国へ事業範囲を拡大させ、同年、イタリアの汚泥乾燥・汚水事業を行う企業であるセルナジオット（Sernagiotto

**表8-2　近年の買収事例（シーメンス）**

| 年 | 国 | 買収対象企業 | 買収額（千ドル） |
|---|---|---|---|
| 2004 | 米国 | USフィルター（US Filter） | 993,000 |
| 2005 | オーストリア | VAテクノロジー（VA Technologie） | 1,180,000 |
| 2006 | 米国 | モノセップ（Monosep Cooperation） | 非公開 |
| 2006 | 中国 | CNCウォーター・テクノロジー（CNC Water Technology） | 非公開 |
| 2006 | イタリア | セルナジオット（Sernagiotto Technologies） | 非公開 |

（出所）三菱総合研究所［2009］を参考に筆者作成。

Technologies）を買収している。したがって、シーメンスは、USフィルターの事業を基盤としつつも、技術的、地域的特色を持った企業を買収することで、グローバル市場への進出を図っている。

### (3) IBM

IBMは2009年3月、今後、拡大が期待される水ビジネスを支援する技術サービス「アドバンスト・ウォーター・マネジメント」を発表し、水ビジネスへの参入を公表した。

ただし、IBMは、ヴェオリア、スエズ等の海外水メジャーが行っている水道事業そのものではなく、水道事業のシステム構築に参入しようとしている。具体的には、水源から汚染物質や塩類を除去し、飲用に適した水を供給する技術に、供給を効率化するシステムを加えたトータル・マネジメントを行うビジネスを目指している。すなわち、IBMの競争力のある技術を水分野に適用し、センサーやモニターを利用して、河川や海から貯水設備、配水管に至るまでの水量や水質を自動的に管理し、水の供給を効率化することを目指しているのである。

今後、IBMは、このようなシステムを受託するのではなく、インフラ

やライセンス販売する方針を取るとのことである。その一環として、今年の初め、マルタ共和国の電力会社と水道事業会社の両社と水と電力使用量を管理するスマートメーターを開発・導入する契約を締結している。

### (4) コンサルティング・ファーム[4]

世界の上下水道事業では、CH2M HillやBlack & Veatchなどの米国コンサルティング・ファームが活躍している。これらコンサルティング・ファームは世界の多くの地域で、各国の行政機関に対し、水供給インフラ等の整備計画を提案し、発注仕様の作成支援を行うことを主な事業としている。したがって、世界各国の水関連事業者からの提案を比較検討し、最適なシステムを構築する仕事柄、技術的な目利き力に優れているといわれている。さらに同時に、入札条件を定める役割を果たすこととなるため、世界の上下水道事業の受注に大きな影響力を持つといわれている。

① CH2M Hill

建設コンサルタント会社であり、建設会社でもあるCH2M Hill（コロラド州イーグルウッド市）は、約2万4000人の社員を抱え、2007年の売上高は58億ドル（約5800億円）である。1946年の設立当初は、下水処理施設の設計を中心に手がけていたが、道路や橋梁などの領域に徐々に拡大していった。現在の主な事業分野は、化学、エレクトロニクス、エネルギー、環境、鉱業、電力、輸送、水・汚水・水源、ライフサイエンス等多岐にわたる。また、これらの事業分野を対象に、基本設計・プランニング、調達・建設（EPC）、設備維持管理・運用等の事業を展開している。なお、汚水処理事業分野のコンサルティングでは世界シェア1位を誇っている。なお、日本にはプロジェクト・オフィスはあ

るものの、現段階では上下水道事業等の水プロジェクトを手がけた形跡はない。

②Black & Veatch

Black & Veatch（ブラック・アンド・ビーチ社）は、エネルギー、水、通信等のインフラに関する世界的なエンジニアリング、コンサルティング、建設を担うリーディング企業である。コンセプト設計、エンジニアリング設計、調達、建設、資産管理、環境・安全設計、コンサルティング、運用コンサルティング等を主な事業分野としている。ただし、CH2M Hillと異なり、同社はオペレーションを行う企業を有していない。

なお、同社は世界70カ国に100以上の事業所を有し、世界全体の従業員は9600人程度であり（2006年）、2007年の水事業の収入は12億ドル、エネルギービジネスの収入は17.5億ドルであった。海外では日本企業とアライアンスを組んでビジネスを行うケースはあるが、日本には進出した形跡はない。

## 4　ウォーターバロンの戦略に学べ

以上、ウォーターバロンや世界の主要な水関連企業の企業戦略を追ってきた。彼らの戦略の第1は企業規模の拡大である。水ビジネスは膨大な初期投資を必要とするため、円滑な資金調達のためには、一定以上の企業規模が必要とするからである。

戦略の第2は、「範囲の経済」の拡大である。発注者のニーズに応じて適切にソリューションを提供するために、また取水から浄水、排水まで、広く「水のバリューチェーン」を継ぎ目なく確保するために、さまざまな水関連の業務に対応できるようにすることが必要であるからであ

る。

　これらの戦略を達成するにはM&Aが重要なツールとなっている。一般に研究開発をR&D（Research and Development）といっているが、彼らの実施する戦略は、A&D（Acquisition and Development：買収して開発）ということができよう。特に、進出国で事業を行うために、進出国の企業を買収、あるいは、企業連携を行い、進出国で経験を積むステップ・バイ・ステップの戦略を取っている。

　また、戦略の第3は、長期契約手法、資金調達、事業コスト削減手法、リスクヘッジ等の事業運営に関するノウハウの蓄積である。日本の地方公共団体の有しているオペレーションとメンテナンスなどの技術的なノウハウの蓄積は世界の市場に参入するには、それほど重要な要素とはなりえないと思われる。

　戦略の第4は、低利での資金調達である。市場や国際機関等を活用していかに無利子に近い資金を大量に確保するかが重要なポイントである。そのため、第1や第2の戦略のように「規模の経済」と「範囲の経済」を確保して、企業の信頼性を高め、投資ファンド等を活用した資金調達を有利にすることが有用である。

　戦略の第5は、自分の土俵で相撲が取れるようにするための環境の整備である。この方法論には賛否両論あるが、ウォーターバロンは、自社が海外市場に進出しやすくするため、水道事業の民営化を促進するように仕向けている。こうした行動もその一種である。また、政治力を活用して水道事業の受注を国同士のトップ外交マターにするというケースも見受けられる。フランスでは、中国の水ビジネスでフランス企業が有利に受注できるように、サルコジ大統領が積極的にトップ外交をしている。日本でも水ビジネスのトップ外交を行うべきとの声が強いが、トップ外交を行うためには、前述の戦略の1から4までを持っている企業が存在しなければ何にもならない。

一方で、戦略上相対的に必要でないものは要素技術であろう。水ビジネスはトータル・コーディネートを必要とする事業である。水分野に関しては、個々の要素技術はモジュール化しており、外部調達も可能である。したがって、もし、ある要素技術がない場合はそれを所持している企業から購入するか、その企業ごと買収することにより、対応できるのである。これは、「ものづくり」で競争力を持つ日本には不利な点である。

　戦略の第6は、戦略の第5と表裏の関係にあるが、水ビジネスを行うにあたって、自社のコア・コンピタンスを活かすということである。IBMが自社のコンピュータやコンピュータネットワーク技術を水ビジネスに活用した例を前に挙げたが、それが典型例である。それに加えて、IBMのプランが優れている点は、それに今世界が注目しているスマートグリッドを含めた構想にした点である。水処理と電力使用とは関連性が高く、これを一体的に効率化するプランは時流に合った戦略といえる。

【注】
(1) スマートグリッドとは、発電所などの供給側と国民・工場などの需要側のデータをITを使って把握し、電力の流れを制御する仕組み。今までの供給側から需要側への一方通行だった電気の流れを双方向にする。
(2) 三菱総合研究所［2009］等を参考にした。
(3) 三菱総合研究所［2009］等を参考にした。
(4) ここで紹介するCH2M HillやBlack & Veatchは、必要に応じて、設計や施行管理を行う場合もあるので、日本でいえば、建設コンサルタントであり、建設会社といえるかもしれない。ただし、ここでは、それらの企業のコンサルティング業務に注目しているのでコンサルティング・ファームとした。

第8章　ウォーターバロンの戦略

第3部

# 日本の水ビジネスの今後

# 第9章
# 「チーム水　日本」

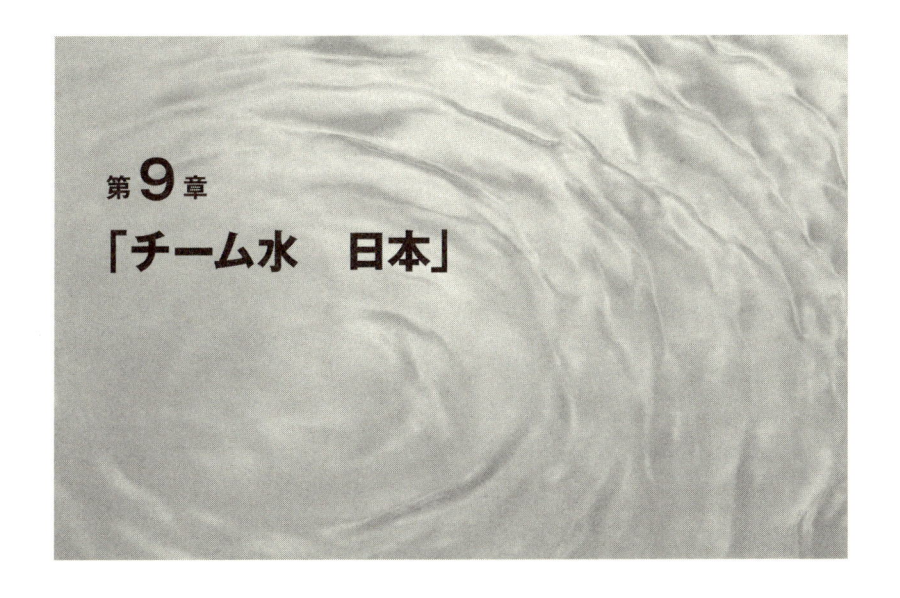

◎**本章の内容**

　本章では、日本の水ビジネスと海外の水ビジネスの現状を踏まえ、日本企業がどのように世界のビジネス市場に立ち向かおうとしているかを読み解く。具体的には、最近、ウォーターバロンに対抗するため、複数の水関連企業がコンソーシアムを創成しているという動きがある。また、産業界のみならず、産学官が連携して、日本全体で水ビジネスを振興しようとする動き、いわゆる「チーム水　日本」の具体化が進められている。これらの動きをトレースして、今後の政府の役割を考える。

## 1　水ビジネスに関する提言を見る

　昨今、水ビジネスに対する政策提言がかまびすしい。ただし、その提

言は国内の水ビジネスに関する提言が主であり、海外展開に関する提言は最近のものに限られる。また、海外展開に関する提言であっても、日本の水に関する技術を国際貢献の一環として活用すべきとの議論が中心となっており、水ビジネスの海外展開に関する提言は意外に少ない。以下では、それらの提言を中心に話を進める。

### （1）産業競争力懇談会の報告書

日本は優れた水関連技術を持ちながら管理運営面での実績が少なく、水ビジネスでは海外企業に先行されているのが実情であるとし、それを克服するためには、どのようにすればいいのかとの問題意識のもと、民間企業の実務者が集まった産業競争力懇談会（COCN: Council on Competitiveness-Nippon）では、水ビジネスの海外展開の方策について話しあった。その結果、2008年3月に「水処理と水資源の有効活用技術――急拡大する世界水ビジネス市場へのアプローチ」という報告書を取りまとめた。

この報告書では、日本の技術の強みを活かした新たな水ビジネス産業を育成して海外展開するため、産学官が連携して取り組むことを提言している。具体的には、各府省、大学、地方公共団体とも密に連携し、LLP（Limited Liability Partnership：有限責任事業組合）制度の活用も視野に入れた民間フォーラムを立ち上げ、海外の水ビジネス市場への参入のため、オールジャパンの体制づくりを目指すべきであるとしている。

### （2）経済産業省　水資源政策研究会の報告書

経済産業省の内部の研究会である「水資源政策研究会」は、2008年12月から議論を開始し、2009年7月に「我が国水ビジネス・水関連技術の国際動向に向けて」という報告書を取りまとめた。

この報告書では、今後拡大が見込まれる世界の水関連市場において、

## 図9-1 海外水ビジネス市場への参入のための推進体制

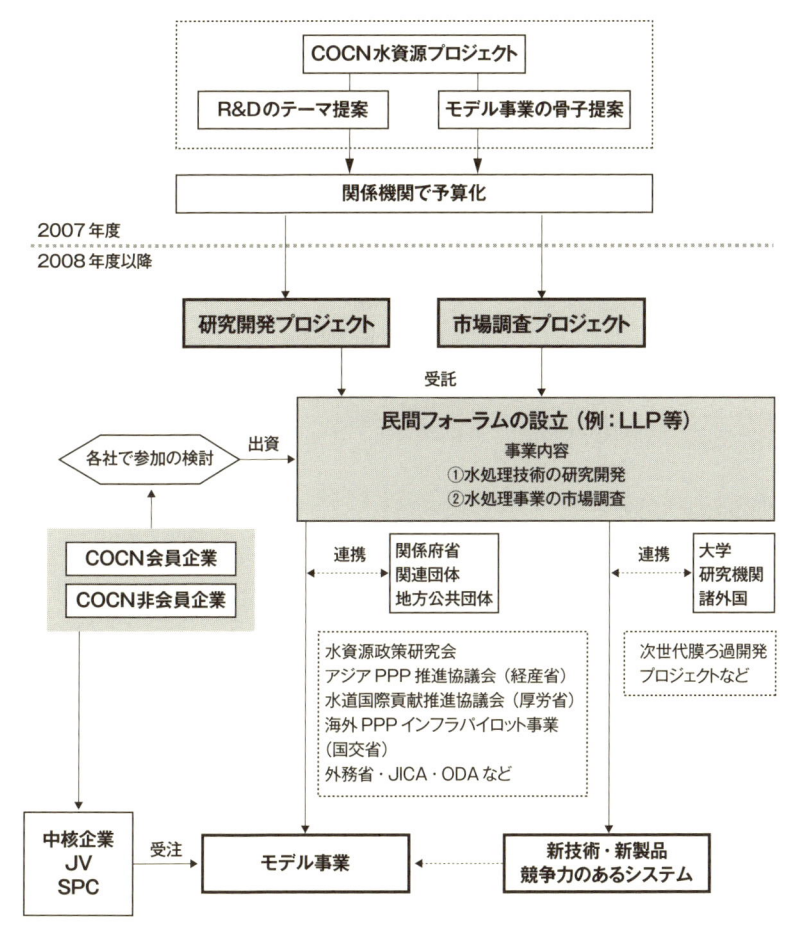

```
                    COCN水資源プロジェクト
              ┌──────────┬──────────┐
              R&Dのテーマ提案    モデル事業の骨子提案
              └──────────┴──────────┘
                        │
                   関係機関で予算化
─── 2007年度 ─────────────────────────
    2008年度以降
                        │
              ┌─────────┴─────────┐
          研究開発プロジェクト    市場調査プロジェクト
                        │    受託
                        ▼
    各社で参加の検討 ──出資── 民間フォーラムの設立（例：LLP等）
                          事業内容
                          ①水処理技術の研究開発
                          ②水処理事業の市場調査

    COCN会員企業          連携  関係府省        連携  大学
    COCN非会員企業              関連団体              研究機関
                                地方公共団体          諸外国

                          水資源政策研究会        次世代膜ろ過開発
                          アジアPPP推進協議会（経産省）  プロジェクトなど
                          水道国際貢献推進協議会（厚労省）
                          海外PPPインフラパイロット事業
                          （国交省）
                          外務省・JICA・ODAなど

    中核企業
    JV      ──受注──  モデル事業  ◄──  新技術・新製品
    SPC                              競争力のあるシステム
```

（出所）産業競争力懇談会［2008］。

日本企業が国際展開を図っていく方策を検討している。結論としては、まず、日本企業が得意とする少ない水を大切に使う技術を生かした省水型・環境調和型水循環システムの実証事業を行ったうえで、そのシステ

図9-2　省水型・環境調和型水循環システムの実証事業のイメージ

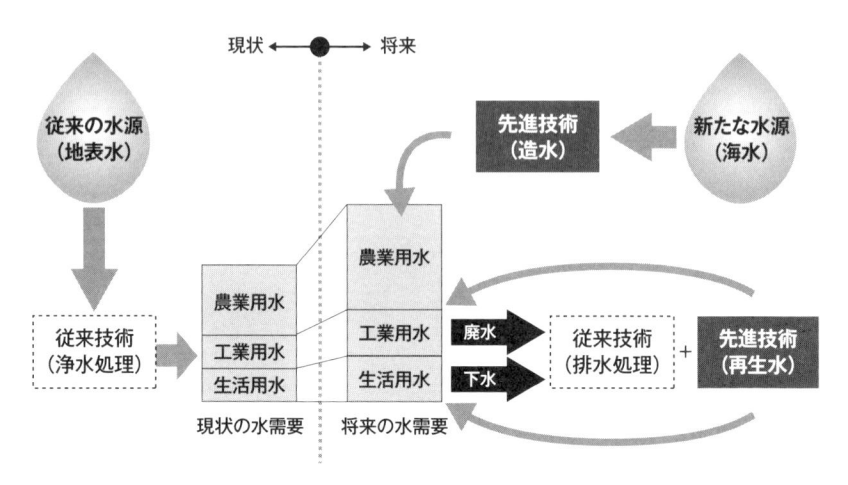

（出所）産業競争力懇談会［2008］。

ムを世界に普及する必要があると提言している。これらを実施することにより、日本の水関連事業者の国際競争力を強化することが可能となるとともに、深刻化する世界の水資源の解決に貢献することにつながるとしている。

そのうえで、それを実施するため、産業競争力懇談会の報告書を追認したかたちで、LLP制度の活用などにより、国内の水関連企業と公的機関、大学等研究機関が連携した共同体制（コンソーシアム：循環型水資源管理ビジネス推進協議会（仮称））を構築し、異業種連携を促進する必要があると提言している。

(3) その他の提言

①厚生労働省の「水道ビジョン」

厚生労働省は、20世紀に整備された水道施設の多くが老朽化し、今

後、更新投資が増えること、また、今後、人口減少時代に入り、国内の事業のパイの減少が想定されることなどを背景に、今後、国内対策をどうするかを議論し、2004年6月に「水道ビジョン」を公表している。

具体的には、新たな概念による広域化の推進及び集中と分散を最適に組み合わせた水供給システムの構築や、適切な費用負担による計画的な施設の整備・更新等を行うべきであると提言している。

そのうえで、国際市場における競争力が十分であるとはいえない日本企業の現状にかんがみ、今後は、ODA（政府開発援助）を活用しながら、日本の水道の技術レベルにふさわしい国際競争力を持つことを目指すべきであるとしている。

②外務省の「水分野に関する有識者・実務者検討会」報告書

外務省は、2007年9月、東京大学の沖大幹教授と中山幹康教授を共同座長とする「水に関する有識者・実務者検討会」を立ち上げ、同年12月に、洞爺湖サミットにおける日本の水に関する提言を取りまとめた。

この報告書では、①自国における技術開発やその社会的普及を推進し、安全な水の供給と衛生改善に優先的に取り組み、途上国が目標を達成できるように支援を行うべき、②水問題は気候変動に対する適応策の中心的な課題の1つであるとの認識を高め、取り組みを強化すべき、③G8参加国は、水域の保全、安全で利用可能な水資源の確保、水関連災害によるリスク軽減のために、社会の公平性や地域特性を担保しつつ、流域におけるステークホルダー間での合意形成によって持続的な水利用を可能とする制度の整備、ならびに水の適切なガバナンスを支援すべき、と提言している。

この報告書は、その提言内容を見ればわかるように、先進国の水に関する国際貢献のあり方を考えるという色彩が強く、ビジネス色が希薄と

なっている。

③国土交通省の「下水道分野における国際協力活動推進会議」

国土交通省は、2008年6月に「下水道分野における国際協力活動推進会議」を創設し、官民連携による国際協力活動のあり方及び具体的な方策について、幅広い分野の有識者による検討を行っている。

その背景として、日本は、従来より、世界的な水と衛生の問題などの解決のため、ODA等を通じて海外の下水道整備の推進に貢献してきたが、計画・建設から管理・運営まで含めた一連のプロセスや能力開発について、これまで以上に積極的に貢献していくことが求められていることを挙げている。

さらに、地方公共団体には、整備から管理・運営に至る豊富な経験と技術が蓄積され、先進的で優れた技術を有している民間企業と適切に役割分担・連携を図ることにより、国際協力活動が一層充実してきていることも、その背景として挙げている。また、国際協力活動の充実が、国内の市場を活性化させ、日本の下水道の持続性の確保にもつながるものとしている。

具体的な活動としては、2009年8月、同会議において、後述の「下水道グローバルセンター」の創設等を内容とする「下水道分野における国際協力活動の推進に向けた具体施策の骨子」を取りまとめた。同会議も名称にあるように国際協力に主眼を置いており、外務省の報告書と同様に海外水ビジネスへの進出という視点は強くない。

## 2 水ビジネスの海外展開を促進する機関として何があるか

第1節で見たような「水ビジネスに関する提言」等を受け、水ビジネ

スの海外進出を促進するさまざまな機関が創設されはじめている。以下では、そのうちの主な機関を紹介する。

### （1）海外水循環システム協議会

日本の産業界では、日本企業は膜技術等に強みを有するが、水事業全体の運営・管理サービスの実績に乏しいため、海外で十分な市場と収益を確保できていないとの認識を共有していた。そこで、産業界の有志企業が、海外市場に参入するため、日本企業は有する高い要素技術を活用するとともに、管理・運営サービスを含めたかたちでビジネスを展開できる体制を整備するべきであると考えた。

すなわち、今後成長が見込まれるオペレーションとメンテナンスの分野やエンジニアリングを含めた水ビジネスの海外展開を実行するため、プラットフォームづくりを進めることが肝要であると考え、国内の商社、建設会社、エンジニアリング会社、素材メーカー等が中心となって、異業種コンソーシアムを創設した。具体的には、2008年11月に、LLP（有限責任事業組合）である「海外水循環システム協議会」（GWRA: Global Water Recycle Association）を発足させたのである（図9-3）。当初は14社で設立したが、2009年9月に24社が加わり、現在、40社で構成されている。

なお、このコンソーシアム全体として個別の水ビジネスに参入することを想定しておらず、地域特性や企業の得意分野を勘案しつつ、その案件に応じ、このコンソーシアムからいくつかの企業が参画して、場合によってはコンソーシアムに加わっていない企業も参画して、SPC（特別目的会社：special purpose company）などの企業体を作り、海外に展開していくべきであるとしている。あくまでも、コンソーシアムは海外の水ビジネスの情報のプラットフォームとし、上記のSPCが日本に次々と生まれることを想定している。

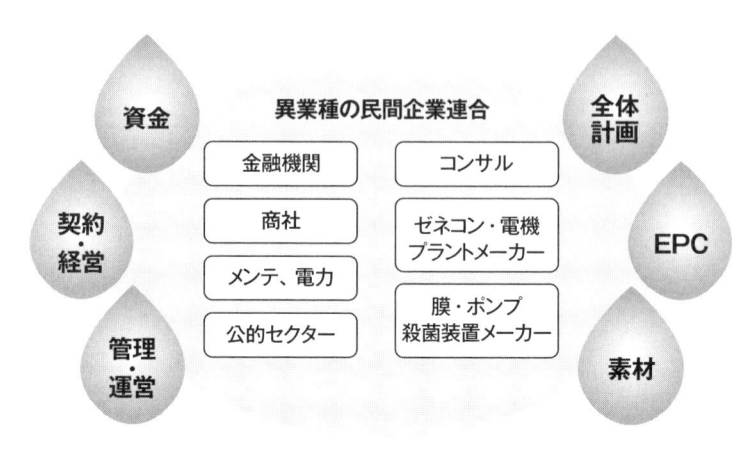

### 図9-3　海外水循環システム協議会の構成

異業種の民間企業連合
- 金融機関
- 商社
- メンテ、電力
- 公的セクター
- コンサル
- ゼネコン・電機プラントメーカー
- 膜・ポンプ殺菌装置メーカー

資金／契約・経営／管理・運営／全体計画／EPC／素材

(出所) 伊藤 [2009]。

### (2) 下水道グローバルセンター

2009年4月、国土交通省と（社）日本下水道協会は、他の下水道関係機関と連携し計画・建設から管理・運営に至るまで、日本の産学官のあらゆるノウハウを結集し、海外で持続可能な下水道システムを普及させるための活動を行う「下水道グローバルセンター」（GCUS: Japan Global Center for Urban Sanitation）を発足した（図9-4）。

下水道グローバルセンターは、前述のとおり、「下水道分野における国際協力活動推進会議」の中間取りまとめ「下水道分野における国際協力活動の推進に向けた具体施策の骨子」のなかで提言されたものである。当面は、インド、ベトナム、サウジアラビアを対象に展開していくことを想定している。

なお、主な活動内容としては、JICA（国際協力機構）や国土交通省、地方公共団体などが行う国際交流活動の技術的側面の支援、情報プラッ

図9-4　下水道グローバルセンターの活動内容

計画・建設から管理・運営に至るまで、我が国の産学官のあらゆるノウハウを結集し、海外で持続可能な下水道システムを普及させる。

(1) 国際協力活動の展開支援
JICA等が実施する国際協力活動に対し、技術的側面を中心とした支援を実施
(対象国・地域ごとの活動グループを編成)

公開可能な情報の蓄積
必要な情報の提供

(2) 情報共有プラットホーム、海外ネットワークの構築
・国際協力活動に必要な人材、技術等の情報や、海外の下水道事情などの各種情報を集約。
・国内の地方公共団体や下水道関連企業などに幅広く情報を提供。
・海外の下水道関係団体とのネットワークを構築。

要請　支援

JICA、国土交通省など
・技術協力（計画から維持管理、フォローアップまで）
・円借款
・案件形成活動

支援対象国　要請　支援

情報提供　ネットワーク形成

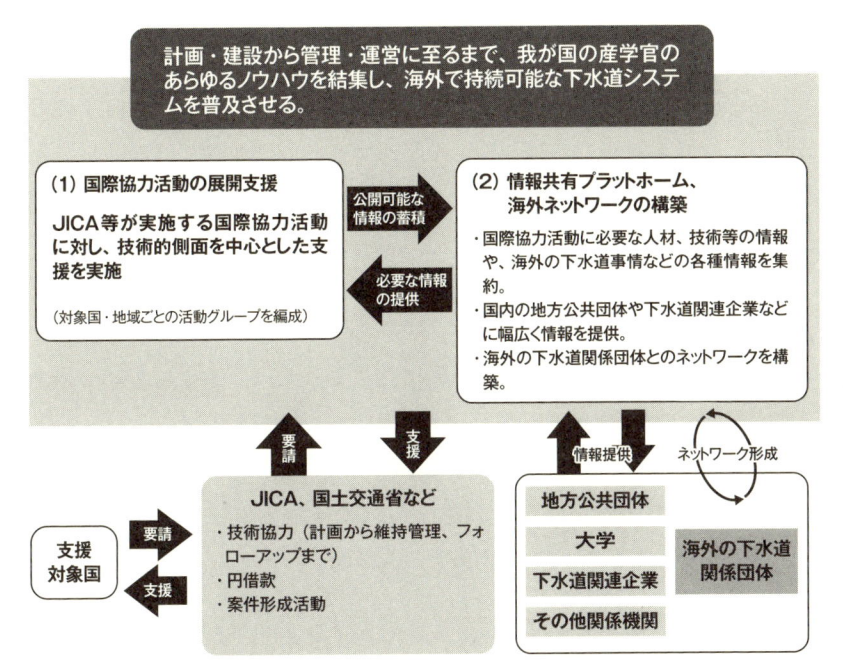

地方公共団体
大学
下水道関連企業
その他関係機関

海外の下水道関係団体

（出所）下水道グローバルセンター・ウェブサイト。

トフォームの構築と国際ネットワークの形成などを挙げている。

### (3) チーム水道産業　日本

　(社) 日本水道工業団体連合会は、2008年4月に、国内外の水道の課題についての対応策を協議するため、「水道産業戦略会議」を設置した。その後、同会議は、同年10月、「水道産業活性化プラン2008」を取りまとめた。
　このプランは、国内水道事業の広域化を促し、官民連携を強化することにより、国内事業の経営安定化や水道事業の活性化をするべきである

と提言した。さらに、発展途上国における水道サービスにおける安全保障を確保するという国際貢献を達成するため、ODAの拡大、弾力的運用などを提案した。

このプランを受けて、水道産業界は、国内外の水道施設、飲料水施設の建設、経営に参画し、国内外に水ビジネスを展開すべく、水道産業界の総意を結集して、同年10月に、21社・団体からなる戦略機関「チーム水道産業　日本」を設立した。

### (4) その他

後述の「チーム水　日本」の行動主体であり、水に関する多種・多様な特定課題に取り組む、多種・多様な主体のことを「行動チーム」といい、上記3つの団体のほか、22団体が登録されている。具体的に上記の3つの団体以外では、「小集落対応型・移動型水環境システム整備チーム」や「リン資源リサイクル推進チーム」などのチームがある。

## 3　「チーム水　日本」とは何か

水問題は社会のすべての分野とあらゆる人々に関係している。具体的には、その国の安全、飲料水、農業、エネルギー、さらに貧困、疫病、教育、ジェンダー等の問題に関係し、組織的には、政府、地方公共団体、住民、民間企業等が関係していた。そのため、支援する側も分野を超えた産・官・学・市民の複合した総合力が必要となる。

日本には、それらの解決のための技術と叡智と人材があるが、行政の枠を超えた情報共有と知恵の集結が欠けていた。そこで、水問題の解決に向けて、社会の分野間を超えた産・官・学・市民の新しい国民的な連携を実現するため、行政の枠と企業の自社主義を乗り越え、多様な人々

図9-5 「チーム水　日本」全体像

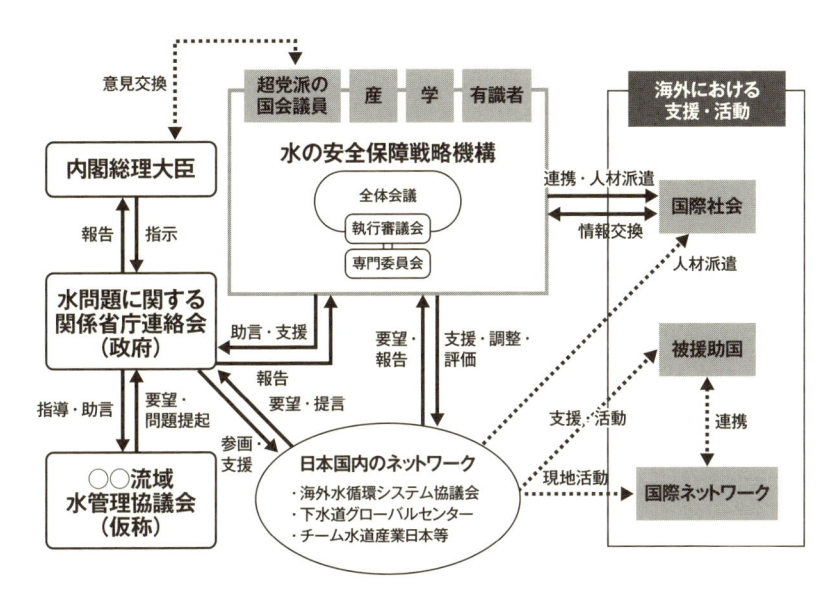

(出所) 国土交通省　土地・水資源局水資源部 [2009] をもとに作成。

の叡智を結集する新しい行動を起こす「チーム水　日本」が構想された（図9-5）。

　2009年1月には、「チーム水　日本」の核となる「水の安全保障戦略機構」（WSCJ: Water Security Council of Japan）が設立された。この「水の安全保障戦略機構」は、持続可能な日本と国際社会の水環境を目指し、超党派の国会議員と経済界関係者、有識者からなる団体である。

　また、この「水の安全保障戦略機構」は、分野を横断する水分野の提言、円滑な行政、学術研究、民間企業の海外活動、NPOや市民レベルの活動を強力に支援していくこととしている。具体的には、上述した海外水循環システム協議会、下水道グローバルセンター等の個別の活動チームの要望、報告を受け、必要に応じて、調整、支援していくこととして

いる。また、内閣総理大臣と意見交換をするとともに、「水問題に関する関係省庁連絡会（政府）」に助言及び支援を行うこととし、政府はその結果を報告することとしている。

# 4　政界の動きを見る

## （1）超党派の動き

　日本の水制度は、典型的な縦割り制度となっており、現行制度が今後も存続すれば、水循環サイクルは寸断され、国民の生命と安全を守れないとの問題意識の下、2008年9月、水制度改革に深い関心を持つ超党派の国会議員と民間有識者によって「水循環基本法研究会」が設立された。

　この研究会では、総合的水資源管理の基本理念に基づいた水循環基本法案及び水循環政策大綱を研究することとしており、現在、ワーキンググループを設置し、その下で検討を進めている。現段階では、この研究会は、国内の水循環の問題点を解決することを議論の中心に位置づけており、日本企業の海外の水ビジネスの進出に関する議論は行っていない。

## （2）民主党

　民主党では、今後アジア・アフリカを中心に人口が増加し、都市への人口集中、経済発展が加速することが予想されるなかで、水需要の増大と偏在化が進み、水需要が逼迫、渇水のリスクが増大することが見込まれるため、2008年8月、政調会長直属の機関として水政策プロジェクトチームが創設された。水政策に関して、省庁の縦割りの弊害を除去し、横断的、総合的な政策を打ち出していくことを目的としている。具

体的には、関係府省などに対しヒアリングを行い、今後の水資源政策や水道政策をめぐって質疑を交わしている。

このようななか、民主党は政権与党となったが、民主党政権でも、水ビジネスの海外展開を積極的に進めている。その証左として、2009年10月に開催された水に関するシンポジウムにおいて、前原誠司国土交通大臣は、水ビジネスの海外展開を積極的に進めるとした。そのうえで、各府省の縦割り行政を打破する手段として、国家戦略局や関係閣僚会議による柔軟な調整機能を用いた対応についても言及した。

さらに2009年12月には、「新成長戦略（基本方針）――輝きのある日本へ」が閣議決定された。そのなかの「アジア経済戦略」の文脈で、「新幹線・都市交通、水エネルギーなどのインフラ整備支援や、環境共生型都市の開発支援に官民あげて取り組む」としている。今後、この基本方針に基づき議論を進め、2010年6月初めをめどに「成長戦略実行計画」（工程表）を含めた成長戦略を取りまとめることとしている。

### (3) 自民党

自民党は、2008年5月、「水の安全保障研究会」の最終報告書を発行した。これは、2007年12月に開始された自民党「水の安全保障研究会」で議論された結果の集大成である。その最大の特徴は、現在の水政策は、行政の枠を超えたところに問題の所在があり、その解決も行政の枠を超えた国政のリーダーが責任を持って解決に挑まなければならないと提言したことにある。

さらに、具体的な提言内容としては、①政治主導による機動的かつ大胆な政策を可能とする制度構築、②産学官の知恵と経験を活用する総合連携（コンソーシアム）構築、③循環型の水資源社会の国際貢献の枠組みの構築、④国民の全員参加の国際貢献のための方策の確立、等である。なお、この研究会は最終報告書を発行した後、「水の安全保障に関

する特命委員会」となり、引き続き議論を進めている。

### （4）公明党

　水分野の国際貢献、国内の水制度改革などが求められ、政治主導による関係府省の枠組みを超えた取り組みが求められるなか、公明党は、2009年2月、国内外の水問題に対応すべく、政務調査会内に「水と衛生に関する検討委員会」を設立した。具体的には、日本水フォーラム、海外水循環システム協議会、日本水道協会の関係者や水制度改革国民会議の関係者等と意見交換を行っており、今後、より具体的なテーマを捉え、各論の検討を進めていく予定としている。

## 5　日本政府は何をすべきか

　前節までは、国内の水資源に関するさまざまな取り組みを紹介してきた。この節では、それらに対して、日本政府は何をなすべきかを論じていきたい。最初に、国内の水関連事業の対応策について話を進める。最後に、水ビジネスの海外展開に関して日本政府は何をなすべきかを論ずる。

### （1）国内対策

　日本の水道事業については、2002年の改正水道法の施行により企業への包括業務委託が可能となり、日本企業のみならず、ヴェオリア等の海外企業の水道事業への参入が可能となった。従来、日本企業は、地方公共団体が発注する高コスト、高スペックの公共事業を受注するという受身的な姿勢で対応すればよかったが、包括業務を受注するにあたっては、総合性、低コスト等を考えた対応が必要不可欠となってきた。

基本的に筆者はすべての経済行為に関し、マーケットによって需要と供給の均衡点を見出す市場メカニズムの中で対応すべきであると考える。ただし、マーケットは、負の外部効果を顕在化させ、結果として「市場の失敗」をもたらす可能性も秘めている。その「市場の失敗」を是正するという意味で、産業政策の必要性があるというのが通説である。

　水事業に関してはどうだろうか。例えば、海外では、水道事業の民営化が世界銀行の融資条件として提示され、民営化が積極的に進められてきた。民営化の目的には、非効率な官営による運営を是正するというものがある。しかし一方で、民営化の問題点として、採算性の取れない地域への給水停止や料金値上げ等が顕在化し、持てるものは水を享受できるが、持たざるものはその恩恵を享受できないということもある。

　また、入札価格を重視するあまりに、単純なコスト競争に終始し、提示した入札価格で運営できない場合であっても落札してしまい、結果として、サステナブルなビジネスができずに破綻するというケースも垣間見られる。

　以上から、純粋、公営でも問題があるし、純粋、民営でも問題がある。水道事業が目指すべき道は、地域の状況を踏まえたうえで、市場メカニズムを導入し、適切に管理した公営、民営の中間にある手法にあると思われる。

　すなわち、官は、基本的には、住民に対する適切な対価での給水義務を負い、民は、単に、業務を請け負うだけではなく、当該地域の特性等を考えた制度設計を含む、施設整備、運営管理を行うことを基本とした、サステナブルな運営を行うべきと考える。すなわち、官のみの水道事業では高コストでかつ非効率な運営となる一方、民間のみでは、住民すべてに対し給水を行い、かつ、水価格のリーズナブルな設定が困難という問題点が存在するため、その両者のデメリットを解消するような制

度設計をするべきである。

　その際には、第4章でも指摘したが、PPP（Public Private Partnership）の考え方が役に立つ。その範囲は、PFI（Public Finance Initiative）よりも幅広く、業務委託契約から完全民営化までさまざまな類型が考えられる。個々の水道事業がどの類型をあてはまるかは、それぞれの地域の状況に応じて考えることになると思われる。

　以下ではイギリスの事例を挙げ、その内容を議論する。イギリスのイングランド・ウェールズ地方は上下水道とも部分的に民営化している。部分的に民営化しているというのは、「完全」民営化していないという意味で、部分的に民営化しているということである。すなわち、市場が適切に運営されているかを確認する監視するシステムや、洪水防御、環境保全といった民営化に適さない機能を補完するシステムを併せて作っているのである[1]。

　具体的には、「EA（Environment Agency）は、主として環境基準や水質を監視しており、DWI（Drinking Water Inspectorate）は、上下水道のコンプライアンスや飲料水の水質向上等を所掌している。また、Ofwat（Office of Water Service）は、上下水道料金の決定をはじめとした上下水道産業全体の産業的側面からの権限を持っている」（日本政策投資銀行フランクフルト駐在員事務所［2005］）。

　このように、市場メカニズムを活用しつつ、公共の福祉に反しないような監視を続け、官と企業と住民とでウィン・ウィン・ウィンの関係を構築しているのである。ここで言いたいのは、水道事業は完全民営化が必要不可欠ということではなく、地域の特性に応じ、PPPの範囲の中で市場メカニズムを活用しつつ、市場の失敗を最小化するような適切に管理されたシステムを構築することが必要であるということである。日本の目指すべき道は、この道しかないのではないかと思われる。

　一方、別の視点から日本の水道事業の民営化を見るといくつかの問題

点がある。まず、現在の日本の上水道の包括業務委託は、マネジメント業務を官民で共に担う官民のパートナーシップというより、受委託（役務提供）関係にとどまっているという問題点がある。今後は、従来の委託や請負契約による民間の活用による水道事業の一部の役割を担うというのではなく、官の領域としていた、いわゆるコア業務及び、準コア業務も、効率的かつ円滑に実施するための有形無形の官と民の協働（パートナーシップ）とするなどの工夫が必要である[2]。

さらに、効率性を高め、コストを下げるため、包括的民間委託の長期契約化を進める必要がある。現在、日本では短期契約が主流であるが、短期契約であると、その期間中に収益を十分確保するため、必要不可欠な修繕の投資しか行わずに、長期的な視点にたった投資が行われないといった虞がある。したがって、長期契約化し、民間企業が主体的に長期的視点にたった投資を行うように仕向ける必要がある。このことが、めぐりめぐって、日々の修繕費を減らし、コスト削減につながることとなるであろう。

さらに、広域水道の推進を促す制度整備を行うべきである。現在の市町村中心の上水道事業だと、「規模の経済」が働かず、結果として、高コスト化し、専門人材が不足してしまう。今後は、スケールメリットによる経済の効率化を進めるため、上水道事業の広域化政策は避けて通れない道であると思われる。これはひいては、現在、問題視されている市町村における水道事業における負債の解消につながり、財政基盤の強化にもつながるものと考える。

### (2) 海外対策

政府が海外展開を支援する産業政策を行うにあたり、ガバメント・リーチをどこに設定するかということをあらかじめ議論する必要がある。すなわち、水ビジネスの海外展開に日本政府がどこまで関与するべ

きかという命題である。

シンガポール、スペイン、韓国は積極的に自国企業の海外展開を支援する政策を行っているが、世界第2の経済大国の日本がそれらの国と同様な政策を踏襲すべきなのであろうか。一方、武士は食わねど高楊枝を装い、座して死を待つべきであろうか。筆者の結論としては、そのどちらでもなく、その間に日本政府が進むべき道があると思われる。以下、具体的な海外対策について論じる。

①海外の環境規制の強化

現在、アジア各国政府は、経済成長に伴い発生した深刻な公害を克服するため、さまざまな環境法令を整備している。しかし、それらは整備途上であり、法制度の不整合や法律の細則の未整備、加えて法制度の執行に必要となるインフラ整備の遅れがあり、実効性が担保されていない。具体的には、経済成長を重視するあまりに、十分な法執行が行われていなかったり、基準値違反等を摘発するためのモニタリング等のインフラ整備が不十分な例もある。

また、そもそも、基準値違反を取り締まる人材が十分でない例も見受けられる。その結果、アジア各国では、水資源の汚染が著しく、きれいで安全な水源の確保が困難になっている。

アジアの環境汚染を克服し、きれいで安全な水源を確保するためには、環境法令の執行の徹底が最も必要である。そのため人材育成や企業内の環境ガバナンスの確立支援等を通じたキャパシティビルディングを主眼とした環境協力を進める必要がある。

また、こうした協力と合わせてアジア各国の政府は環境汚染問題に対する危機意識を高め、政府自らが積極的に環境法令の執行面の強化に取り組むことも必要である。

一方、日本企業は高度な水処理技術を有しており、その処理技術を活

用することにより、日本企業にも大きな利益をもたらすことになる。

　以上のことにより、環境法令の執行が強化され、日本の水処理ビジネスが活発になり、中国を含めたアジアの環境負荷を低減し、きれいで安全な水源を確保するというウィン・ウィン・ウィンの目標を達成することができると思われる。

　さらに、きれいで安全な水源の確保と上水道事業をあわせて行うことができれば、全体事業として、より効率的でコストが低い事業となることができるだろう。

　②コンサルティング・ファームの育成
　海外の水道事業に参入するためには、原則として、国際競争入札のプロセスを経なければならない。その際には入札参加資格が必要である。その資格は発注者が定めるものであるが、一般的には、同種業務の実績を求めるものが多い。日本企業は包括業務委託を受注したことが少ないため、そのハードルは高いものとなっている。このようななか、日本企業の中には、実績がないので入札参加資格が得られないと不平をもらす企業もある。

　問題なのは、日本企業は入札からが競争であると認識しているところにあるのではないかと思われる。欧米の企業は、発注国が事業のマスタープランを策定するときから、コンサルタントとして参加して、入札条件にも積極的に関与している。このように、日本企業も、入札前から競争が始まっているという認識の下、発注国の事業のマスタープラン策定への積極的な参加が望まれる。そのために、海外のコンサルティング・ファームの連携、あるいは、国内企業としてのコンサルティング・ファームの育成が急務である。

　ガバメント・リーチの観点から、政府がコンサルティング・ファームの育成にどの程度関与するかについては、議論があるところであるが、

国内でこのようなコンサルティング・ファームが活躍できる場の提供であれば、日本政府が最低限できることであると考える。

③国際標準化の推進

2007年、上下水道サービスのISO（国際標準機構）の規格（ISO24500シリーズ）が導入された。これは2001年、フランスによって提唱され、2002年、ISOは、その検討の場として、上下水道サービス国際規格策定の技術専門委員会（ISO/TC224）を設け、検討を開始した[3]。

日本でも、その国際標準化に対する国内検討委員会を設け議論を進め、①特定国の意向に偏しない中立的なものとすること、②日本及び世界の上下水道事業の発展に寄与するものとすること、を基本的スタンスとして調整を進めた。その結果、国際規格では、適用範囲、水道事業の構成要素、評価方法など基本概念が定められた。そこでは、以下に準拠して策定されている。

1) 上下水道事業は地域の状況に左右されるため、規格の任意性について多くの留意点を挙げている。
2) 規格ではさまざまな利害関係者の役割を定めず、水サービスにかかわる国、地方公共団体などに対する必須の事項を規定していない。
3) 規格は適合性の判断に用いることを目的としているのではなく、業務改善とサービス評価のガイドラインを与えるものとしている。

一方、世界貿易機関（WTO: World Trade Organization）のTBT協定（Agreement on Technical Barriers to Trade：貿易の技術的障害に関する協定）では、国内市場開放のために国際規格を基礎とした国内規格の策定や、規格作成の透明性が求められる。すなわち、ISOによる国際標準化がなされると、国内基準が国際基準を優先することとなる。さらに、

海外に展開するためには、国内基準に準拠したものでは輸出できず、国際基準に準拠したものでなくてはならなくなる。

　以上のことから、今回の国際標準化は上下水道サービスに関する大きな枠組みを定めたものであったため、TBT協定から見ても、日本の上下水道企業が国内で事業を行う限りは大きな影響がないようである。しかし、国際標準化が進む世界では、日本独自の基準で上下水道事業を行っていては、日本の上下水道産業の技術的優位性が海外の上下水道ビジネスに適用できなくなり、その結果、ガラパゴス化してしまう可能性があることに留意する必要がある。

　④具体的な支援方策

　現在、水ビジネスに関しては、国内外のFS事業、モデル事業を支援している。初期における動機づけには、これら支援は必要であるが、今後、独り立ちを考えて対応しなければならない。ひるがえってみれば、水ビジネスは、研究開発→モデル事業→実際の事業、というようなリニア・モデルではないのである。また、このような順に行っていては、海外水メジャーの海外進出速度には到底追いつかず、研究開発をした後にモデル事業を行い、いざ、実際の事業を行おうと思ったときには、すでに市場のほとんどが海外水メジャーに占有されていたというシャレにならない事実を目の当たりにするかもしれない。

　したがって、できる限り早く、日本企業も実際の事業に参入するべきである。そのためには、インフラ整備に対する貿易保険支援枠を創設するなど貿易保険による支援、インフラ整備に対する民間投資の拡充に資するJICA等による海外投融資による資金的な支援等は重要なツールとなると考える。日本政府は、今後、実際の事業に参入し、リスクを取る民間企業を積極的に支援するようにすべきである。

【注】
（1） 英国の水事業の民営化については、井上［1998］が詳しい。
（2） コア業務とは、経営方針や長期的な事業に関する意思決定など、水道事業経営の根幹にかかわる業務をいう。準コア業務とは、民間事業者に委託した業務の監督指導や施設の運転管理など、事業運営上重要な業務をいう。ノンコア業務とは、定型的な業務を始め、民間委託等が可能な業務をいう、定型業務ともいう。
（3） ISO/TC224とは、ISOが2002年に設置した224番目の技術専門委員会（Technical Committee）のことで、上下水道サービスの国際規格を検討する委員会のことをいう。

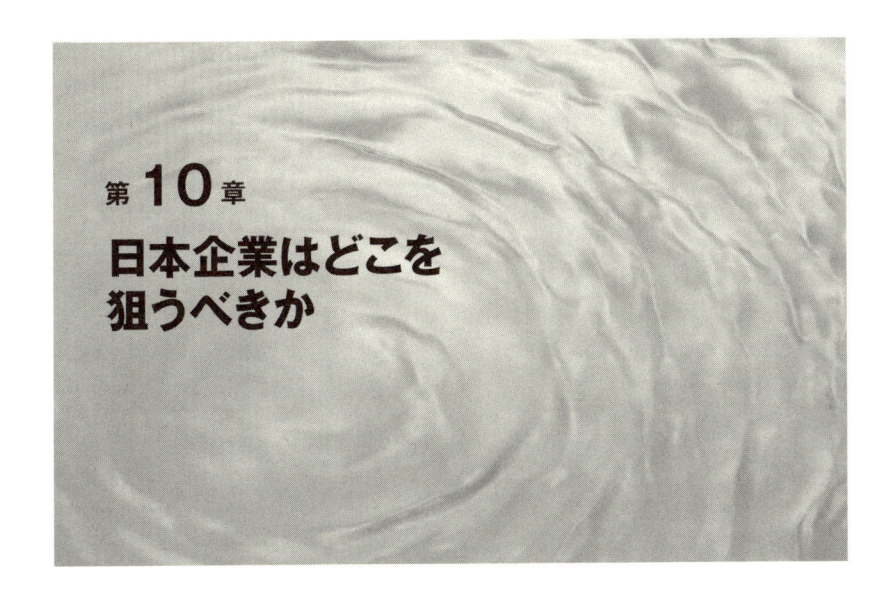

# 第10章
# 日本企業はどこを狙うべきか

◎ **本章の内容**

　日本企業は、地域的にはどこを狙うべきか、中国か北アフリカか中東か南北アメリカか。ビジネスベースで行うのか、ODA（政府開発援助）ベースで行うのか。分野としては、海水淡水化か上水道か下水道か水売り事業か工場排水事業か。本章では、日本企業の水ビジネスの戦略を議論する。そのうえで、日本の水ビジネス企業が海外展開する際に何が必要かを論じる。

## 1 │ 国の特性を踏まえた海外の水ビジネスへの進出戦略とは

　今後、日本の水ビジネス企業の海外展開に際し、相手国の地理的条件や経済状況等を勘案し、相手国のニーズ（用途やコスト等を含む）に合

### 図10-1　日本の水ビジネス企業の世界水ビジネス戦略マップ

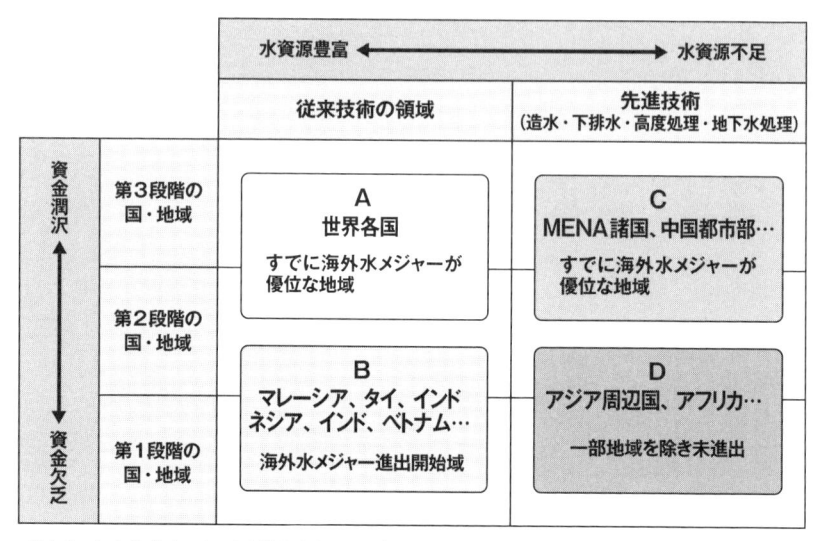

|  | 水資源豊富　←　　　　　　　→　水資源不足 ||
|---|---|---|
|  | 従来技術の領域 | 先進技術<br>(造水・下排水・高度処理・地下水処理) |
| 第3段階の国・地域 | **A**<br>世界各国<br>すでに海外水メジャーが優位な地域 | **C**<br>MENA諸国、中国都市部…<br>すでに海外水メジャーが優位な地域 |
| 第2段階の国・地域 | **B**<br>マレーシア、タイ、インドネシア、インド、ベトナム…<br>海外水メジャー進出開始域 | **D**<br>アジア周辺国、アフリカ…<br>一部地域を除き未進出 |
| 第1段階の国・地域 | | |

(左縦軸：資金潤沢 ↑ 資金欠乏)

(注) A：すでに海外水メジャーが優位な地域であり、参入には国家的戦略が必要。
　　 B：ODAなど日本の国際貢献が活発に行われている地域。
　　 C：日本の先進技術を活用し、進出可能な地域。ただし、革新技術の創出が不可欠。
　　 D：潜在的市場規模は大きく、今後のR&Dに期待される地域。
(出所) 産業競争力懇談会［2008］。

わせ、日本企業の強みを活かすことが重要である。そのためには、地域の特性等に応じた海外展開戦略を考える必要がある。

　第9章で紹介した、民間企業複数社が中心となって今後の水ビジネスの海外展開の方向性について論じた産業競争力懇談会［2008］では、今後、日本企業が世界の水ビジネス市場において、さらなる競争力を獲得し、市場開拓を進めていくため、図10-1のように4つの地域に分けて、それぞれの戦略を提案している。

　その4つの地域を詳しく解説すると以下のとおりである。

A：すでにヴェオリア、スエズなどの海外水メジャーが進出している地域で、今から市場を確保することが難しい地域。他の地域で水道事業

を実施し、ノウハウを蓄積したうえで、市場進出を検討すべきである。

B：現在、日本が、ODA（政府開発援助）などの国際協力が積極的に行っている地域。人口が増加している地域であり、今後、上下水道のインフラのニーズが高まると期待される地域。しかし、日本のODAは施設建設業務が主体で、オペレーションとメンテナンスは海外水メジャーが行っている例が見受けられるとの批判がある。

C：水資源が乏しいが、現在、経済発展が顕著な地域（MENA諸国〈中東・北アフリカ：Middle East, North Africa〉、中国都市部等）。これらの地域は、経済発展に伴い水需要の増加を招き、さらに水資源不足を招いているため、今後、造水・再生水・高度処理などの先進技術が必要とされ、技術オリエンテッドな市場開拓が可能と考えられる地域。すなわち、日本企業の技術的強みを活かした事業展開が可能な地域。ただし、日本企業は膜などの部品では競争力が強いが、建設分野では技術力はあるもののコスト競争力がなく、オペレーションとメンテナンスの業務では必ずしも十分な実績がないため、それら市場は海外水メジャーが押さえている状況。

D：国連などで安全な水供給と衛生設備の普及が世界的な問題とされているが、有効な手立てがなされていない。潜在的な市場規模はある程度あるが、まず、施設建設のコストダウンが必要不可欠。さらに、分散型の施設であり、オペレーションとメンテナンスに深い専門知識と多額の費用がかからず、太陽光発電を活用するなど多くの動力を必要としない施設であることが必要不可欠。

上記で示された4つの地域は、図の影響もあるが市場規模が同程度という錯覚に陥るが、それぞれの市場規模は大きく違う。定性的に見ると、まず、A地域とB地域の市場規模は非常に大きいと思われる。特に、

A地域では、すでに上下水道インフラ整備がほぼ完成しているため、今後、更新投資、オペレーションとメンテナンス等の需要が大きいと思われる。また、B地域では、今後、新規のインフラ投資に加え、オペレーションとメンテナンス等の需要が大きいと考えられる。一方、B地域は、A地域やC地域と比較してはるかに市場が小さく、D地域はB地域に比較してさらに市場が小さいと思われる。もちろん、B地域、D地域の国際貢献としての重要性は高いが、ビジネス面から市場規模を考えると、A地域とC地域が魅力的な地域と考えられる。

ただし、市場規模が大きいといっても、その市場において、日本企業が競争力を持っており、十分参入できる能力があるかも検討しなければならない。

ひるがえって日本企業が参入すべき当面のターゲットを考えてみると、①人口が増加し、人口の比率に比べて水資源賦存量が小さい、②今後の急速な経済発展が見込まれる、③日本と気候・風土が似ている、④比較的安定した国情でカントリーリスクが小さい等の条件に適合する地域がふさわしいと考える。そのうえで、日本の持っている水ビジネスのポテンシャル、具体的に言えば、造水・再生水・高度処理などの先進技術が有効活用できる地域に進出するのが望ましい。

以上の観点から考えると、日本の水ビジネス企業は、C地域、すなわち、水は不足しているが資金が潤沢な地域の市場を目指すべきと考える。特に中国都市部は、今後都市部への人口集中が見込まれ、水供給が課題となっており、現時点においても、衛生設備が不十分なため、生活排水による河川・湖沼の水質汚濁が顕在化している。また、中東地域は、恒常的に水不足の状態にあることから、相当の需要が見込まれる。

したがって、今後は、これらの日本企業の進出可能性が高い地域について、水道事業、造水事業ごとにさらにきめ細やかな戦略を策定することが望まれる。

なお、A地域については、市場規模は大きいが、すでに海外水メジャーが参入し、優位な状態にあることに加え、その市場の多くは前述のとおり、更新投資、オペレーションとメンテナンス等が中心であり、それらの分野での経験が必ずしも十分でない日本企業は市場参入が難しいと考える。したがって、C地域である程度参入経験を積んだうえで、A地域への参入を考えるべきである。また、B地域、C地域はビジネスとしてではなく、国際貢献として、ODA等を活用して水道事業を行うべきである。ただし、B地域については、ODAとして参入することが、結果として、当該市場の参入のきっかけとなる可能性もあるので、その点に留意した戦略を考える必要がある。なお、水資源関連のODAについての具体的な考えについては、次節に譲ることとする。

## 2　水関連のODA事業へはどのように関与すべきなのか

　資金力がある国はビジネスベースで対応すればいいが、資金力がなく、かつ、水資源の乏しい国に対しては何らかのかたちでの支援が必要である。例えば、このような国に対して水道分野の支援策の主たるものとしてODAがある。
　日本の水と衛生分野における援助実績を見ると、全体のODAの2～3割程度が水と衛生分野の援助であり、年間2000～3000億円程度の支援をしており、日本政府の貢献度は大きい（表1-2参照）。一方、一過性の施設建設業務が主体で、その後の施設のオペレーションとメンテナンスは海外水メジャーや地元企業が受託する例が見受けられるという批判もある。すなわち、単に施設整備を行うだけでなく、当該地域で水道設備のオペレーションとメンテナンスを地道に行い、地域にしっかり根ざし、地域の反応を五感に感じられる活動が不可欠であり、いわゆる

「顔が見える援助」を行うべきであるという主張である。

　言い換えれば、日本企業は、機器提供のみとなっており、オペレーションとメンテナンスは、別発注で海外企業が受注しているケースが見受けられるため、せっかく行った日本の支援が地元から見ると海外企業が行ったという錯覚に陥ってしまっているということである。それは同時に、海外援助をレバレッジとしたオペレーションとメンテナンスの機会を喪失してしまっているという批判である。

　日本が行っていたODA支援は間違いであったのであろうか。原点に返って考えてみる。まず、ODAは、大きく無償資金協力と有償資金協力の円借款に分けられる[1]。無償資金協力は、被援助国（開発途上国）等に返済義務を課さないで資金を供与（贈与）する経済協力の一形態である。1件当たりおおよそ1000万円程度であるため、水道事業等のインフラ整備を行うまでの規模ではないため、ここでは立ち入って論じない。

　一方、円借款は、電力・ガス、運輸、通信、上下水道などの経済社会基盤の整備が不十分な発展途上国の問題に対処するため、開発途上国に対して低利で長期の緩やかな条件で開発資金を貸し付ける制度である。この資金の返済を求める円借款は、開発途上国に借入資金の効率的な利用と適切な事業監理を促している。また、自らが責任を持って事業を実施することから、経済成長や貧困削減のために不可欠な、事業のオーナーシップの確立を後押ししている。

　以上の理念を踏まえ、日本が行っている円借款は、ほとんどがアンタイドといわれる紐なし支援となっている[2]。また、被援助国が自らの力でインフラを運営するため、はたまた、借入金の金額を減らすため、施設整備のみを対象にし、オペレーションとメンテナンスはその対象外にするのが一般的である。ただし、被援助国の中には、円借款で建設した施設の運営を自らの手で行うことができずに、結果として、その後のオ

ペレーションとメンテナンスを海外水メジャーに委託しているというケースもあるようである。

そのようななか、日本は、水と衛生分野におけるODAをどのようにするべきあろうか。まず考えなければならないことは、ODAは被援助国のためのものであって、日本の水ビジネスの振興に主眼を置いたものではないということである。「顔が見える援助」という美名の下、要は、施設整備のみならず、オペレーションとメンテナンスも紐つきにしようという考えではないだろうか[3]。

日本が本当に被援助国のことを考えるのであれば、日本の技術を用い、安価で、かつ、できる限りメンテナンス・フリーの施設整備を円借款の入札で受注し、その施設整備後は被援助国のオペレーションとメンテナンスに任せるという構想を持つべきであろう。

他方、以上のような日本の水と衛生分野におけるODAの実績は、他国と比較して、あるいは、ODAの中では比率が高いといいながら、世界の民間分野の水と衛生分野の投資額の数％以下である。したがって、日本のODA自体、水ビジネス市場全体の中ではあまりインパクトがない規模なのである。そのことを考慮に入れると、円借款を施設整備、オペレーションとメンテナンス等の水ビジネスの振興のツールとして使う有用性はあまりないと考える。

## 3 今後の水道分野と造水分野事業における戦略を考える

### (1) 水道分野における戦略

ひるがえって海外の水道事業の現状を見ると、第8章第1節で指摘したとおり、進出国において、進出企業のメリットとなるような過度な民営化を推進しているケースもあり、結果として、さまざまな民営化のデ

メリットが顕在化しているように思う。

　そこで今後、日本企業が海外展開する際には、日本企業に比較優位のある漏水率を低下させる技術や省水化技術等の提供だけではなく、イギリスの部分的な民営化の例を参考にしつつ、PPPを活用して、市場の失敗を防止するためのセーフティネットの整備を含めた制度自体の提案もするべきであると考える。その提案は海外水メジャーとの差別化にもつながるものと考える。

　それを実行するためには、発注国の事業のマスタープランの策定をコンサルティング・ファームと協力して行い、日本の強みである低い漏水率などの技術要件を入札条件に追加するというのはどうだろうか。このことにより、日本企業の実力が正当に評価されるとともに、発注国の水道事業の効率性を高めることとなり、発注国にも利することになろう。

　また一方で、国際入札条件として、同種事業の実績を求められることが多い。これは日本企業にとってハードルが高い。その入札条件を取得するため、日本企業はすでに資格を有している地場企業を含む国内外の企業等とコンソーシアムを組んで受注するのも一案である。また、後述するが、今後、持ち株会社のもとに複数の事業会社を統合し、公共の持つノウハウを吸収して、海外の水道事業に参入するというビジネスモデルも検討に値するのではないだろうか。

　いずれにしても、日本企業は、オペレーションとメンテナンスの経験が未熟であるため、短期的に海外の水道事業に参入し、大幅にシェアを拡大するのは難しいと思われる。したがって、官民一体となって長期的な視点で、段階的に、海外の水道事業のシェアを拡大する戦略を考えるべきである。

### （2）造水分野における戦略

　第2章で指摘したが、海水淡水化には、海水を蒸発させて塩分を分離

する蒸発法とRO膜（逆浸透膜）を用いて塩分を除去する逆浸透法の2つが存在する。

　蒸発法は相対的に古くから普及しているが、蒸発するためのエネルギーが必要となるため、中東・北アフリカ各国では、発電所を併設させた海水淡水化施設が数多く立地している。そのなかで、日本は、発電所プラント建設に比較優位があるため、商社等が主体となったいくつかのグループが、発電所プラントと海水淡水化施設を一体とした施設を受注している。ただし、「造水に占めるエネルギーが、逆浸透法の場合で5～7kW/m$^3$、蒸発法10～15kW/m$^3$であり、大型プラントでは逆浸透法がその省エネルギー性から主流」（産業競争力懇談会［2008］）になってきている。

　今後の海水淡水化施設については、中東・北アフリカ各国のニーズの増加も予想されるが、中国の市場も注目されている。これらに対し日本企業は、それら各国のニーズにあわせて、場合によっては水道事業も含めたフル・パッケージで提案し、受注することが期待される。

　また、半導体や液晶等を製作する工場には、「超純水」が必要不可欠であるが、最近、きれいな水源不足などから、その「超純水」を入手することが困難となってきている。このようななか、「超純水」を必要とする企業に対し、必要なときに必要な量の水を販売する「水売りビジネス」が注目されはじめている。今後、市場規模が大きいとは必ずしもいえないものの、半導体や液晶等を製作する企業の競争力の源泉となるとともに、そのニッチで安定的な市場に日本企業の積極的な参画が期待される。

　時に、日本企業は、半導体や液晶等を製作する工場を海外に数多く移転している。これら工場の中には「超純水」の入手が困難になっているケースも数多く見受けられる。以前は天然の水源を活用して水供給を行っていたが、水質汚染により十分きれいな水の供給を受けられなくな

り、自社で安定的に「超純水」を確保することが困難になってきている。

そこで、このような企業等に対し、海外で「水売りビジネス」の実施することも大きなビジネスチャンスになるものと考える。

さらに、汚水浄化分野では、日本は過去の公害経験もあり技術的な比較優位がある。ただし、日本企業の設備は技術的に優れているものの、価格が相対的に高く、価格競争に負けてしまう場合が多い。一方、発展途上国では、水質汚濁防止法等の各種環境法令が整備されつつあるが、法令の執行能力が低く、排出基準を達成しない企業に対して厳しく対応していない場合が多い。他方、企業にしてみれば、公害対策投資は非収益投資のため、できる限り投資は避けたいと考えているというのが実態である。

ひるがえってみると、水資源は有限であり、かつ、水源の汚染により十分な水供給ができていない実態を考えると、今後は、環境法令の執行能力の整備という環境ガバナンスを確実に行うことが必要不可欠である。それに加え、きれいな水源を確保するためにも、有効な浄化装置を導入することが必要不可欠であると考える。これらを適切に行うことは同時に、日本の水ビジネス企業のビジネスチャンスにもつながると考える。

## 4 海外展開に何が必要か

以上、第1章から第10章まで、水ビジネスの現状、課題を分析してきた。そのなかで、日本政府が今後の対応として必要なことについては第9章で論じた。ここでは、日本の水ビジネス企業が海外展開をするために何が必要かについて論じてみたい。

今までの日本企業は、何を目指しているのかが明確ではなく、した

がって戦略そのものが存在しなかった。そこで、今後は、短期的、中・長期的な視野にたった戦略を作る必要があると考える。そのために以下の2つの誤解を確認したうえで7つの留意点を踏まえて対応する必要がある。

### (1) 2つの誤解
①オペレーションとメンテナンスの経験が必要不可欠か

現在、日本では、オペレーションとメンテナンスの経験が民間企業にないから、海外のビジネスに参入できないという声を聞くが、それは正しくないと思われる。

第4章でも指摘したが、下水道の場合、一般的に、オペレーションとメンテナンスの民間企業への委託は一般的であるし、上水道の場合、部分的にではあるが、民間企業はさまざまなオペレーションとメンテナンスの経験を持ちはじめている。さらに、海外では、必ずしもオペレーションとメンテナンスの経験のない三菱商事がマニラで地場企業と共同出資会社を設立して上水道事業を行い、成功を収めている例もある。以上のことから、多くの企業は現段階でもオペレーションとメンテナンスの経験は十分であり、もし十分でなくとも国内外のそれらの経験のある企業とアライアンスを組めば十分対応可能であると考える。

②水ビジネスを行うにあたって研究開発は不可欠か

日本では、研究開発こそが、製品の付加価値を上げ、競争力を高めると信じられている。ただし、水ビジネスではそれが当てはまらないのではないだろうか。短期的に見るという条件つきではあるが。

現在の海外の水ビジネス市場は、高度な技術を持っていても価格が高くては競争力があるとは見なされない。結局、入札で負けてしまうのである。海外の市場で勝てるのは、そこそこの技術で低コスト化した提案

である。

　海外水メジャーは、それ自身、技術を保有しておらず、モジュール化したいくつもの事業を組み合わせて、トータル・パッケージで提案している。したがって、そこには研究開発は存在しない。日本企業は、個々の技術では海外水メジャーをはるかに凌駕している。それらの技術を持っていれば短期的には十分対応可能であると考える。

　もちろん、中・長期的には新たな研究開発が必要であり、あわせて、日本企業の技術が正当に評価されるような入札条件作りが必要であるが、まずは今の市場をできる限り多く取ってから考えるべきものである。

### (2) 7つの留意点

①実績を積むこと

　第9章で指摘したように、現在、水ビジネスに関しては、政府が中心となって、国内外のFS事業、モデル事業を支援している。初期における動機づけには、これら支援は必要である。しかし、水ビジネスは、研究開発→モデル事業→実際の事業、というようなリニア・モデルではない。

　また、このような順に行っていては、海外水メジャーの海外進出速度には到底追いつかず、研究開発をした後にモデル事業を行い、いざ、実際の事業を行おうと思ったときには、すでに市場のほとんどが海外水メジャーに占有されてしまうかもしれない。

　したがって、できる限り早く、日本企業も実際の事業に参入するべきである。準備運動はもう済んでいる。日本企業も世界の水ビジネス市場に正々堂々とチャレンジしてはどうだろうか。

　また、海外の水道事業に参入するためには、原則として、国際競争入札のプロセスを経なければならない。その際には入札参加資格が必要で

ある。その資格は発注者が定めるものであるが、一般的には、同種業務の実績を求めるものが多い。日本企業は、必ずしも総合的な水ビジネスに対して国内外で受注経験がないため、海外の受注経験のある企業とアライアンスを組んで受注するのも一案である

②「規模の経済」、「範囲の経済」を確保した企業の創設

　海外のある地域のニーズは上水道、下水道の施設整備のそれぞれ、あるいは、両方かもしれないし、それらにオペレーションとメンテナンスを加えたニーズかもしれない。さらに、海水淡水化施設などの造水事業も必要としているかもしれない。このようななか、日本の水ビジネス企業の問題点は、そのようなニーズに応じたソリューションを提供できる企業体が存在しないことにある。

　それに必要なものとしては、まず、企業規模の拡大、すなわち「規模の経済」を持つことが重要である。水ビジネスは膨大な初期投資が必要であり、円滑な資金調達を行うためには、一定以上の企業規模を必要とするからである。

　次に、「範囲の経済」の拡大が重要である。発注者のニーズに応じて適切にソリューションを提供するために、取水から浄水、排水まで、広く「水のバリューチェーン」を継ぎ目なく確保するために、さまざまな水関連の業務に対応できるようにすることが必要であるからである。

　現在の水ビジネス企業を見ると、商社でも部品企業でもエンジニアリング会社でも大企業が多く進出している。しかし、大企業といっても、水ビジネスを行っている事業部は、その大企業の一部のマイナーな部署に過ぎない。したがって、そのような位置づけであるがゆえに、大きな市場にチャレンジすることができずに、短期的に小さな利益しかでない、小さな市場にしか参入しなかったり、単なる部品企業としての役割しか果たさなかったりする場合が多く見受けられる。

### 図10-2　現在の水ビジネス会社と新たな水ビジネス会社

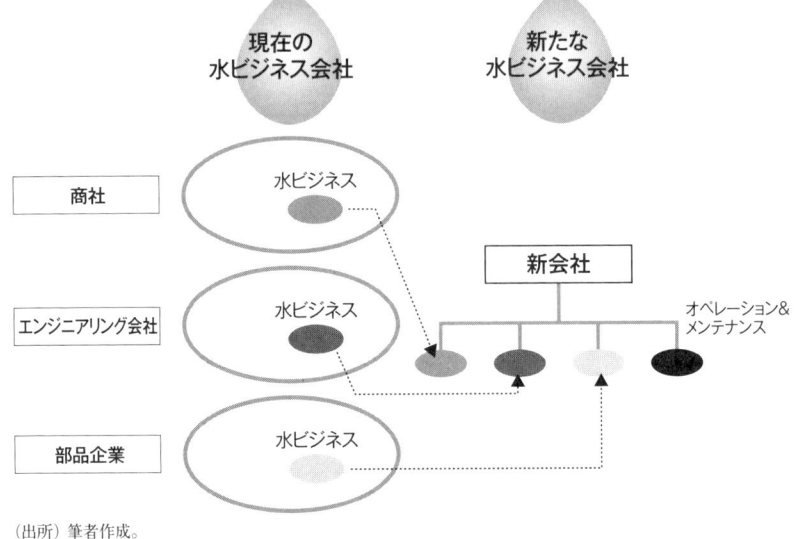

(出所) 筆者作成。

　以上から、「規模の経済」と「範囲の経済」を確保して、海外水メジャーに互して戦うには、それら大企業の事業部門を統括した新会社の設立が必要と考える（図10-2）。なお、オペレーションとメンテナンスを行う企業は必ずしも大企業ではないので、それらの事業を行う会社ごと新会社に加わることも考えられる。この場合、部品企業等が新会社と資本関係を持つということは、新会社にとってみれば日本の優れた技術を占有して使用できるということになり、日本企業の優位性を出せる組織形態となるであろう。

　このような新会社に産業革新機構の出資を行い、資本強化に努めるというのも一案である。

　その際に2つの対案が考えられる。その対案の1つは、既存の会社組織のまま、必要に応じて、企業同士でアライアンスを組んで対応する方

法である。この場合、事業ごとにアライアンスを組むケースが多くなると考えられるため、同一会社にノウハウが蓄積していかないし、さらに、これらのアライアンスを統括する会社が存在しないと、ガバナンス上、臨機応変の指揮命令が取れない可能性がある。

　もう1つの対案は、胴元会社を作るという方法である。簡単にいうと水分野の専門商社を作るということである。すなわち、さきほど示した新会社のようにエンジニアリング会社や部品企業等と資本関係を持たず、胴元会社が、それぞれの案件ごとに最適な部品、エンジニアリング会社等を選定して、入札に挑戦するというものである。これは、いってみれば、海外水メジャーと同じビジネスモデルであり、日本の技術の優位性をアドバンテージとすることができない。

　③コスト削減
　前述のとおり、海外で水ビジネスを行う際に重要なのは、進出地域のニーズを正確に把握して、そのニーズに明確に答えられるソリューションを提供することである。日本企業は、一般的に、技術に自信があり、最先端技術を駆使した高度で高コストなシステムを提供する傾向にあるが、地域によっては、最先端の技術でなくても低コストのシステムを必要とする場合もある。日本企業には、それらニーズを的確に把握したソリューション提供が必要である。

　しかし現状では、日本の水ビジネス企業は、海外企業とコスト面で戦える競争力を持っていないのが問題である。技術がよければ多少コストが高くても受注できるという考えは通用しないのである。業界の共存共栄を図るため競争原理が働きにくい環境下で醸成されたコスト意識のなさもまだ存在しており、そのような体質を改善しない限りは海外受注は見込めない。

　言い換えれば、日本の水ビジネス企業は、ある意味、公共工事を中心

としたガラパゴス化した日本だからこそ通用したのであって、その技術、システムをそのまま海外に持ち込んだからといって入札に勝てる保証はない。

④国に頼らず、国に頼る
　必要な企業戦略は、自分の土俵で相撲が取れるようにするための環境の整備である。この方法論には賛否両論あるが、海外水メジャーは、自社が海外市場に進出しやすくするため、水道事業の民営化を促進するように仕向ける行動を取っているといわれている。それもこの一種である。

　また、政治力を活用して水道事業の受注を国同士のトップ外交マターにするケースも見受けられる。フランスでは中国に自国の水企業が有利に受注できるようにサルコジ大統領が積極的にトップ外交を行っている。日本でも水ビジネスでもトップ外交を行うべきとの声が強いが、トップ外交を行うためには、今、指摘している7つの留意点をすべて満たした企業が存在し、あと一押しで受注するという段階に達していなくてはならない。そうでないと、トップ外交は活かされないのである。そのレベルにも達していないところでは、トップ外交も何もないのである。

⑤財務ノウハウの取得
　本節の「2つの誤解」の中でも指摘したが、日本の地方公共団体の有しているオペレーションとメンテナンスなどの技術的なノウハウの蓄積は世界の市場に参入するには、それほど重要な要素とはなりえないと思われる。
　一方、必要なのは、長期契約手法、資金調達、事業コスト削減手法、リスクヘッジ等の事業運営に関するノウハウの蓄積である。海外水メ

ジャーは、これらノウハウを集め、世界市場を席巻していったのである。日本の水ビジネス企業は、まずは実績を積んで、これらノウハウをできる限り早期に獲得する必要があると考える。

⑥戦略としてのコンサルティング・ファームの活用
　今まで述べてきたとおり、世界は水に関しては需給ギャップが大きく、少ない供給に対して、需要が大きな点が問題として挙げられる。このようななか、日本の省水型・環境調和型水循環システムは有効であると考える。したがって、これらをうまく活用したシステムを海外に提供する方策を考えるべきである。
　具体的には、日本企業は入札条件が提示されてから、その条件に応じてどのようなシステムを提案しようか考えるが、今後は、入札条件を発注者のニーズに応じて提案していくことが必要と考える。一般的な条件を付しただけの価格入札に終わらずに、例えば、省水型・環境調和型水循環システムを導入したような性能スペックを用いた入札条件とすれば、発注者にもあるし、日本企業にもメリットになる。このような活動をコンサルティング・ファーム等を活用して行うべきである。
　欧米の企業は、発注国が事業のマスタープランを策定するときから、関連するコンサルティング・ファームが参加して、入札条件にも積極的に関与している。このように、日本企業も、入札前から競争が始まっているという認識の下、発注国の事業のマスタープラン策定への積極的な参加が望まれる。そのために、国内外のマスタープラン策定の経験のあるコンサルティング・ファームとの連携が急務である。

⑦リスクを取る
　上記の②で指摘したように、現在の日本の水ビジネスに参入している企業には大企業が多いが、実際はその大企業の中の一事業所が行ってい

る例が多い。言い換えれば、全社をあげて水ビジネスを総合的に行っている会社はほとんどないのである。よって水ビジネスは、一事業部の行う事業という位置づけであり、その事業部が取れるリスクの範囲でしかリスクを取れないケースが多い。

　また、従来、水ビジネスに関しては、ビジネスというよりも公共事業としての対応が主であったため、リスク・フリーのビジネスであった。したがって、今まで日本の水ビジネスでは、そもそもリスクを取るという思考自体がなかった。そのようななか、水ビジネスを海外に展開するに際しても、今、水ビジネス企業が考えるべきことは、国からいくら予算を獲得するかではなく、自らリスクを冒して海外の水ビジネスに参入するような「気骨」を持つことである。ジョン・F・ケネディ（John F. Kennedy）は以下の言葉を残している。

　　Ask not what your country can do for you, ask what you can do for your country.
　　国があなたに何をしてくれるかを尋ねるな。あなたが国に対して何ができるかを尋ねなさい。

## 5　最後に

　世界の水ビジネスは急激な勢いで動いており、世界市場の争奪戦は激烈を極めている。一方で、水資源の確保が困難になるなど、水問題は社会問題にもなっている。このようななかで、日本の水ビジネス企業が海外展開する際に必要なのは、海外進出ができない理由を示し、歩みを止めることではない。100の総論より1の各論であり、まずは実績を作ることである。その意味で、日本の水ビジネス企業は、本当の意味での「チェンジ」が求められている。リスクを取ってチャレンジすべきであ

る。

【注】
（1）もちろん、ODAには、無償資金協力、有償資金協力以外にも技術協力等があるが、資金規模が小さいのでここでは割愛している。
（2）アンタイドとは、ODAに使う資材やサービスの調達先が援助国に限定されないことをいう。
（3）円借款は入札で行うのが一般的である。ただし、STEP（Special Terms for Economic Partnership：本邦企業活用条件）という制度があり、それは、日本の優れた技術を活用した途上国支援の一環として2002年に創設し、日本原産の資金材を契約金額の30％以上調達することを条件に、通常の円借款より融資条件を優遇している。

# 第4部

# 資料編

# 水ビジネス関係の参考資料

## 1 提言書

経済産業省　水資源政策研究会［2008］「我が国水ビジネス・水関連技術の国際展開に向けて──『水資源政策研究会』取りまとめ」

　本報告書は、今後拡大が見込まれる世界の水関連市場において、日本企業が国際展開を図っていく方策を検討している。結論としては、日本が得意とする少ない水を大切に使う技術を生かした省水型・環境調和型水循環システムを官民協力のもと世界に普及することを提言している。それを通じ、日本の水関連事業者の国際競争力を強化するとともに、深刻化する世界の水資源の解決に貢献すべきであるとの提言を取りまとめている。

　http://www.meti.go.jp/policy/economy/gijutsu_kakushin/innovation_

policy/pdf/mizuhoukokusyo.pdf

● 産業競争力懇談会（COCN）［2008］「水処理と水資源の有効活用技術──急拡大する世界水ビジネス市場へのアプローチ」

　本報告書は、日本企業が海外水メジャーと比較して、世界の水ビジネス市場への進出が遅れているとの認識のもと、今後の市場の最大の関心分野は上下水道事業であり、日本も海外で民営水道事業を担当できる中核企業またはコンソーシアムを立ち上げ、実績とノウハウの蓄積を早急に行うべきであるという提言を取りまとめている。ただし、水ビジネス業界総意の提言というよりも、議論に参加した企業の色が濃くにじみ出たものとなっている。

　http://www.cocn.jp/common/pdf/mizu.pdf

● （社）日本水道工業団体連合会　水道産業戦略会議［2008］「水道産業活性化プラン2008　国内市場の活性化と拡大する海外市場への対応　最終報告書」

　本報告書は、国内外の水道事業の現状と課題を分析したうえで、国内水道事業に関しては、施設の更新需要、水道事業全体の格差の拡大及び事業運営能力の低下などの厳しい環境を乗り切るため、地方公共団体の努力に加え、国、水道産業界も連携する必要がある旨提言している。さらに、民間企業と地方公共団体が連携して特に取り組む案件として、広域化を挙げている。また、海外事業に関しては、水道の国際貢献として、施設整備だけではなく、運営維持管理も含めた取り組みが必要であるとしている。

　http://www.suidanren.or.jp/main/kasseika.pdf

● 自由民主党　特命委員会［2008］「特命委員会『水の安全保障研究会』最終報告書」

本報告書は、「水の安全保障戦略機構」を設立し、政治主導による行政分野の枠を超えた機動的かつ大胆な政策の実施を行うこと、産官学の水技術の叡智を結集した「チーム水　日本」を結成し、世界の水問題解決のため日本の持つ技術と知識を世界に発信すべきことを提言として取りまとめている。

　http://www.nakagawa-shoichi.jp/speech/image/0702houkokusho.pdf

# 2　報告書

**竹ケ原啓介［2005］「水循環の高度化に関する技術動向と展望──水処理ビジネスの新たな展開」日本政策投資銀行『調査』第75号**

　本報告書では、まず、水資源をめぐる諸問題や循環利用高度化を支える技術などの実態調査を進めたうえで、日本の水処理ビジネスの今後の展開を論じている。具体的には、個々の技術は優れているものの、官主導の市場特性に縛られ、コスト効率など総合力で見た競争力に劣るといわれてきたビジネス像は早晩大きく修正され、ユーティリティビジネスとしての性格を強めていくものと考えられるとしている。

　http://www.dbj.jp/reportshift/report/research/pdf/75.pdf

**（社）日本原子力産業協会　海水の淡水化に関する検討会［2006］「海水淡水化の現状と原子力利用の課題──世界的水不足の解消をめざして」**

　日本では、大規模な海水淡水化施設は福岡と沖縄のみで、その他は離島の飲料水供給や原子力発電所の所内用として海水淡水化に限られている。本報告書は、大規模な生活用水や工業用水を確保するため、原子力技術を使って事業化する可能性を探るための調査である。中東諸国での淡水化の実態やそのビジネス展開についての、現状と課題等も網羅的に調査されて

おり、海水淡水化の基本的なラインをすべておさえている。
http://www.jaif.or.jp/ja/news/2006/desalination_report.pdf

● (独) 新エネルギー・産業技術総合開発機構［2008］「水資源高度利用のための革新的技術の利活用・課題に関する調査」

　本報告書は、日本の高度な水関連技術を広く世界市場に展開することにより、世界の水問題を解決することが重要であるとの認識の下、日本の水資源高度利用技術や革新的水機能利用技術などを幅広く調査し、それらの将来の技術動向を予測している。加えて、水ビジネスの海外展開に参考情報となる海外水メジャー等の動向や各国の水資源分野の国家戦略を取りまとめている。

● 三菱総合研究所［2009］「平成20年度環境負荷物質対策調査（循環型水資源管理ビジネスの海外展開等に関する調査）」

　本報告書は、今後の水ビジネスの市場規模の現状と将来予測や日本の水ビジネス企業の海外への進出状況を把握している。さらに世界各国に進出している海外水メジャーの高い国際競争力の要因分析を行っている。

# 3　関連書籍

● モード・バーロウ／トニー・クラーク著、鈴木主税訳［2003］『「水」戦争の世紀』集英社新書（Maude Barlow and Tony Clarke［2002］*Blue Gold: The Battle Against Corporate Theft of the World's Water*, Stoddart Publishing）

　本書は、淡水は地球と全生物種のものであり、個人の利益のために水を使う権利は誰にもないと言及するとともに、世界共有の資産である水を、

社会のコモンズとして保護し、国際法や各国の法律などで守るべきであるという主張をしている。その背景として、ウォーターバロンなどが水を商品化して売り、多大な利益を得ていることを挙げている。

● 国際調査ジャーナリスト協会（ICIJ）著、佐久間智子訳［2004］『世界の〈水〉が支配される！　グローバル水企業(ウォーター・バロン)の恐るべき実態』作品社（International Consortium of Investigative Journalists [2003] *The Water Barons: How a few powerful companies are privatizing your water*, The Center for Public Integrity）

　世界の水がヴェオリア、スエズ、テムズの3つの多国籍企業（ウォーターバロン）に支配されそうになっているという警鐘を鳴らす本である。これらのウォーターバロンは、国際機関と協力して水道事業を民営化すると同時に、世界各国の水道事業に参入し、大きな利益をあげている。一方で、南アフリカ、ブエノスアイレス、マニラ、インドネシア等の進出に伴う数々の問題について事例を挙げて紹介している。

● 中村靖彦［2004］『ウォーター・ビジネス』岩波新書

　本書は、国内外のボトルウォーターをめぐるメーカーと地域住民との紛争を通して、今後さらに一層、大きくなるであろうウォーター・ビジネスについて論じている。国内であれば、山梨県の白州町の水資源争奪戦、海外であれば、ミシガン州の水争いなどを紹介している。さらに「コングロマリットは水道を狙う」という章を設け、海外水メジャーの水道事業への野心も記載している。

● 氏岡庸士［2004］『水道ビジネスの新世紀──世界の水道事業民営化のながれ』水道産業新聞社

　本書は、まず、水道事業の民営化とは何かという概念整理をしたうえで、

先進事例である欧州の事例を詳細に紹介し、その後、欧州以外の地域の水道の民営化の状況を紹介している。最後に、世界の水道民営化市場における主要な民間企業の動向を概観し、日本の戦略を考えている。

柴田明夫［2007］『水戦争——水資源争奪の最終戦争が始まった』角川SSC新書

本書は、深刻化する地球温暖化とエネルギー・金属・食料資源の有限性という問題を「水」というフィルターを通じて解説したものである。食料資源の記述が若干多いが、世界各地で起こっている水資源戦争や枯渇の危機に瀕する水資源を概観したうえで、今後の日本は国内対策としてどのようなことを行うべきかを考えている。具体的には、日本の水の供給能力を高めるため森林の保水能力を高め、水資源の再生利用を徹底すべきであると主張している。

モード・バーロウ著、佐久間智子訳［2008］『ウォーター・ビジネス——世界の水資源・水道民営化・水処理技術・ボトルウォーターをめぐる壮絶なる戦い』作品社（Maude Barlow ［2007］ *Blue Covenant: The Global Water Crisis and the Coming Battle for the Right to Water*, The New Press）

2002年にトニー・クラークと書いた『「水」戦争の世紀』から5年程度経過したので、より深刻化し、危機に瀕している世界の水問題の現状を明らかにしている。民営化した水道事業やボトルウォーター産業、海水淡水化事業など、金融をも巻き込みながら急成長を続けるウォーター・ビジネスの最前線について言及している。そして安全な水へのアクセスを求める世界の市民・住民によるムーブメントについて記したうえで、今後私たちは安全な飲み水を保障するためにどうしていくべきかなどについても最新の情報とデータを駆使して論じている。

● 浜田和幸［2008］『ウォーター・マネー 「水資源大国」日本の逆襲』光文社

　水をめぐる世界の現状を概観したうえで、日本の水企業や水関連技術こそが現在の世界が直面している水問題を解決し、世界の危機を救う可能性を秘めていると主張している。ただし同時に、世界のウォーター・ファンドがこのような日本の水企業の株を買占め、自らの投資目的のために独占しようとしているので注意を要すると指摘している。

● 橋本淳司［2009］『世界が水を奪い合う日・日本が水を奪われる日』PHP研究所

　本書では、まず世界各国で起きている水の争奪戦、例えば、水資源をめぐる国家間の紛争・戦争、水利権や上下水道ビジネスをめぐる経済戦争などを紹介している。また、水問題は、エネルギー問題や食料問題とともに、人類が抱える「3つの問題」であり、それを解決するためには、「地球環境」、「経済活動」、「地域社会」の3つのバランスをよく成り立たせることが重要であるとしている。また、汚れた水を飲む人たちを救うためには、現地の人材で管理・運営のできる技術であること、管理・運営コストが安く、住民の支払い可能な水道料金で賄える技術であるとし、そのうえで、生物浄化法（緩速ろ過）の実証例を示しながら、その処方箋を明確にしている。

● 吉村和就［2009］『水ビジネス──110兆円水市場の攻防』角川書店

　本書では、まず人類の8人に1人は安全な水を飲めないという、世界の水不足の現状を分析するとともに、バーチャル・ウォーターの概念を用い、日本は水輸入大国であり、世界の水問題が日本の食卓に直結することを示した。さらに、昨今の地球温暖化が水資源の枯渇をもたらす可能性を示唆し、そのうえで、水が引き起こした世界の戦争の例を示している。最後に、

巨大「水マーケット」をめぐる、世界水メジャーや新興国やIBMなどのグローバル企業の動向をサーベイする一方、日本の国内外の上下水道の現状と課題を明らかにしている。また、産官学が中心となった「チーム水　日本」の動きも紹介している。

### 沖大幹・吉村和就［2009］『日本人が知らない巨大市場――水ビジネスに挑む』技術評論社

　本書は、それぞれ水文学者、水ビジネスコンサルタントと立場の違う２人が、水に関するさまざまな話題について対談したものである。まず、地球温暖化の水への影響から始まって、上下水道施設の老朽化等、水に関する日本のさまざまな問題を提起している。次に、水分野の民営化について考え、今後、さらに成長する世界の水ビジネスの中で、日本がいかに、その活躍の場を増やしていくかを論じている。さまざまな主張がなされているが、昨今、注目を浴びているスマートグリッドをもじって、水を賢くマネジメントするイノベーションである「スマートウォーター」を、今後、日本が傾注すべき道であると提起している。

## 4　各種白書類

### 経済産業省［2008］『通商白書2008』

　通商白書で初めて、水問題を10ページ余にわたって取り上げた。具体的には、「水問題と我が国の取り組み」という節を設け、発展途上国の経済成長とともにさらに水問題が深刻化している現状を明らかにし、そのため世界的な潮流がどのようになっているかを記述している。最後に、世界の水問題を解決するために、日本の水関連企業は積極的に海外展開を進めるべきであるとしている。

http://www.meti.go.jp/report/tsuhaku2008/2008honbun_p/index.html

● 経済産業省［2009］『通商白書2009』
　3ページの記述であり、その内容は限定されている。そのようななか、特に、水問題解決に向けた日本企業の貢献として、具体的に実例を挙げて紹介しているのが目を引く。
　http://www.meti.go.jp/report/tsuhaku2009/2009honbun_p/index.html

● 国土交通省　土地・水資源局水資源部［2009］「平成21年版日本の水資源について──総合水資源管理の推進」
　日本の水資源の現状を詳細なデータ等に基づいて紹介している。日本の水問題を考えるうえで基本となる書である。ただし、それだけではなく、地球温暖化による世界の水資源の影響など世界の水資源の現状についても記載されている。
　http://www.mlit.go.jp/tochimizushigen/mizsei/hakusyo/H21/index.html

● 外務省［2009］「政府開発援助（ODA）白書　2008年版／日本の国際協力」
　日本のODA全体の現状と課題を中心に記しているが、第Ⅲ部の「2007年度のODA実績」の「第2節　課題別取組状況」の中で「水と衛生」の項目を設けている。具体的には、水と衛生に関する有償資金協力（円借款）、無償資金協力、技術協力等の実績を実例を挙げて紹介している。
　http://www.mofa.go.jp/Mofaj/Gaiko/oda/shiryo/hakusyo/08_hakusho_pdf/index.html

# 5　PPP関連資料

●日本政策投資銀行フランクフルト駐在員事務所［2005］「水道事業を中心とした欧州のPPPとわが国への応用可能性」

　本報告書では、EUのPPPの現状を調べた後、EUにおける水道事業の現状を調べ、水道事業は民間事業者や金融機関にとって収益確保・資金回収がより確実な分野としてPPPを評価している。そのうえで、日本への適用については、取水から配水、料金回収まで一手に引き受けることができる水道事業全体のノウハウを持つ民間の水道事業者が存在しないため、水道事業へのPPPの適用に際しては、官民共同出資会社による本邦水道事業者の育成が重要なテーマであるとしている。

●経済産業省［2009］「アジアPPP研究会報告書——アジアと共に、官民共創・官民共生」

　本報告書では、現在、東アジア諸国の経済・社会インフラ整備を行うため、ODAの活用だけではなく、民間の資金・技術・ノウハウ等を活用するPPPの手法が注目を浴びているが、これらの国ではPPPを活用するための制度整備や官民間の適切な役割分担が十分に確立されていないと分析している。そこで、その現状を打破するため、新JICAによる「海外投融資」機能の活用、パイロット・プロジェクトによる案件形成と法制度整備の並行実施等を行うべきであるとの提言を取りまとめている。

　http://www.meti.go.jp/press/20090422001/20090422001-3.pdf

## 6 雑誌等の特集

● 『週刊ダイヤモンド』「食卓危機――世界で買い負ける食糧と水」2007年7月21日号

　地球規模で、食料とともに、食糧生産に欠かせない「水」も争奪戦を繰り広げられている現実を国内外の具体的事例に基づき紹介している。まず、バーチャルウォーターの紹介とともに、日本が「水資源」の輸入国であるという現実を説明している。次に、一握りのグローバル企業が世界の水ビジネス市場のほとんどを寡占している現状を紹介している。最後に、水利権問題や水道料金の地域格差など日本の水に関するさまざまな問題を提示している。

● 『週刊エコノミスト』「水資源争奪」2007年10月2日号

　水問題の危機は商機を呼び、水は巨大ビジネス化している。そのようななか、海外水メジャーのほか日本企業も加わって世界規模の水争奪戦の様相を呈している。本特集では、以下の題目で有識者等が執筆している。「世界を襲う水危機」、「投資テーマとして急浮上　これが注目の『水銘柄』50社」、「民営化で一気に寡占化　『水道メジャー』が世界を支配する」、「15兆円に群がる外資　巨大化する中国水ビジネスの激烈」、「平和的解決の糸口　途上国で強まる『水の国際紛争』」。

● 『日経ビジネス』「111兆円市場をつかめ――和製 水メジャー」2008年6月30日号

　国内外で展開している「水売りビジネス」の紹介からはじまり、海外水メジャーに挑みはじめた日本の水ビジネス企業の動きを記している。最後

に、国家を挙げて水ビジネスの振興に努めているシンガポールの例を紹介している。

**（社）産業環境管理協会［2009］「特集　水ビジネス」『環境管理』Vol.45, No.3（3月号）**
複数の筆者によるオブニバス形式の水ビジネス特集。それぞれの題名は、「我が国の水ビジネスの現状と展望」、「水ビジネスの海外展開への期待」、「『海外水循環システム協議会』の設立について」、「国内外上下水道事業の官民連携の動向について」、「塩水淡水化と下廃水再利用ビジネスの現状と展望」。

# 7　海外の水関連情報

### Global Water Intelligence
グローバル・ウォーター・インテリジェンスは、英国オックスフォードに本社を置き、世界各地の水資源、水道市場等に関する各種情報をレポートにまとめて発行している。特に、*Global Water Intelligence*という月刊ニュースレターは、国際水市場や海水淡水化市場関連の情報を取りまとめており、水業界では広く知られている。また、*Global Water Market*という年報では、水産業の最新の情報とデータが掲載されている。
http://www.globalwaterintel.com/home/

### International Desalination Association
国際脱塩協会は、米国、マサチューセッツ州に本社を置く非営利団体であり、脱塩技術や水の再生利用を発展、促進することを目的としている。現在、58カ国、2000人以上の科学者、エンドユーザー、エンジニア、コ

ンサルタント等がメンバーとなっている。脱塩関係のデータを集積させた*IDA Worldwide Desalting Plant Inventory*を発行している。

http://www.idadesal.org/default.aspx

### World Water Council

世界水会議は民間のシンクタンクであり、世界の水問題を議論する世界水フォーラム（World Water Forum）を主催している。第1回世界水フォーラムは1997年にモロッコのマラケシュで開催された。第3回は2003年に京都で開催され、最近では、2009年3月にトルコのイスタンブールで第5回が開催された。水企業と結び付きの強い世界水会議が主催する世界水フォーラムは水の民営化志向が強く、市民団体から強い批判を受けるケースも見られる。

http://www.worldwatercouncil.org/index.php?id=6

# おわりに

　最後に、なぜ筆者が水ビジネスの書籍を書くことになったのかを記しておきたい。個人的に水ビジネスに関心があったということのほかに、仕事上の契機もあった。それは、筆者が経済産業省の環境指導室長という立場にあったことである。

　なぜ環境指導室長が水ビジネスを？　という疑問も出るだろうが、それに答えるには、少しさかのぼった話をしなくてはならない。

　2000年頃、現スタンフォード大学名誉教授の青木昌彦氏と現IEA事務局長の田中伸男氏が中心となって、通商産業省にあった通商産業研究所を、新しい政策研究機関に生まれ変わらせようという動きがあった。

　それは、2001年4月に、非公務員型の独立行政法人として経済産業研究所が発足したことで結実した。この研究所は、スタンフォード大学の経済政策研究所やブルッキングス研究所、NBER（全米経済研究所）などのアメリカの研究機関からヒントを得たものだった。

　アメリカ政治の頑強性（ロバストネス）は、来るべき政権交代に備えて、時の政権の政策的立場からは独立したかたちで政策研究を行う一方、ひとたび政権が代わると、回転ドアがあるがごとく、政府官僚として政策を実施するという公共経済の政策研究の厚みにあり、そのシステムを日本に持ち込もうとしたのである。

　すなわち、ある政権の時には、政府官僚として政策を実施し、政権が代わると、シンクタンクや大学に在籍し、現政府の政策とは別の政策提案をしていくというものである。

アメリカでは、政治的なイデオロギーに基づき政策が決められることもあるが、ほとんどが、健全な政策論争の中で新たな政策が決まっている。

　現在の経済産業研究所が、その創設時の理念を受け継いでいるかは別途評価が必要であるが、そのような機能は経済産業省内にも存在している。

　水ビジネス政策について考えてみよう。経済産業省の中で水政策といえば、工業用水道や造水を所管している地域経済産業グループの産業施設課がある。また水ビジネスの海外展開であれば、製造産業局の国際プラント推進室を想定するかもしれない。これらの課室は、言ってみれば、水ビジネスに関するチームAである。しかし、経済産業省の中で、国内外の水ビジネスの振興を主導したのは、産業技術環境局の産業技術政策課と環境指導室であった。両課室は水ビジネス政策のいわゆるチームBとして、それぞれの課室の職責とは別に、経済産業省、ひいては日本の水政策を主導していったのである。

　経済産業省の中には、必ずしも、それぞれの課室の所掌に属さない仕事であっても、本来の業務の傍ら新たな政策を立案して、政策を実施するチームBを許容する多様性(ダイバーシティ)がある。結局、その活動が認められ、2009年7月に、そのチームBの施策をチームAが取り入れ、水ビジネス政策が実行されることになった。すなわち、正式に、経済産業省の製造産業局に水ビジネス・国際インフラシステム推進室が新設され、海外の水ビジネスへの支援を中心とする水ビジネス振興全般を行うことになったのである。

　筆者は、チームBに属していた。本書は、チームBに属していた筆者が、チームAに提供する申し送り事項という意味もある。また、筆者がチームBで何を目指して日本の水ビジネスを振興しようとしたのか、その意図を明確にしたものでもある。

もちろん、実物経済の中で、日本のビジネスを振興するうえでは、個別企業の戦略、国家の戦略がそれぞれ違ったベクトルで作用して、結局のところそれぞれの潜在能力を打ち消すこととなってしまう場合もある。筆者の目指した道は、市場メカニズムを尊重しつつ、企業の戦略と国家の戦略のすりあわせを行い、国家、企業が最大利益を得るためにはどのようにしたらいいのかを考え、実践するというものである。具体的には、企業はリスクを取ってビジネスを行い、国家はそのリスクを軽減するように努めるとともに、その道筋を示すことにある。

　いずれにしても、今後、正式に経済産業省の水ビジネスの振興を行うことになったチームA、あるいは、日本の水ビジネス企業全体の奮起に期待したい。

　本書を出版するにあたり、東幸毅氏、安藤雅明氏、伊藤真実氏、井上智夫氏、氏岡庸士氏、大垣眞一郎氏、大塚亮太氏、奥山正二氏、梶原みずほ氏、加藤篤司氏、加藤裕之氏、菊岡稔氏、清瀬一浩氏、栗原優氏、齋藤圭介氏、澤田健太氏、高田修三氏、竹内弘氏、内藤康行氏、中村裕紀氏、萩原一仁氏、橋本正洋氏、平井光芳氏、水谷重夫氏、宮田秀子氏、吉村和就氏等さまざまな方にご協力をいただいた。これらの各氏には心より感謝申し上げる。

　また、東洋経済新報社の佐藤朋保氏には本書の企画からはじまって種々のご配慮、ご指導をいただいた。紙幅の都合で、すべてのお名前を挙げることはできないが、さまざまなかたちで多くの方々から知恵と力を貸していただいた。感謝の気持ちを捧げるとともに、改めて厚く御礼申し上げたい。

　このようなさまざまな方々のご意見、ご支援のもとに本書は成立しているが、本書で示した内容はすべて私個人の考えを記したものであり、私の現在所属している、あるいは、所属していた組織を代表するものではない。したがって、本書に存在するであろう誤りのすべてが私個人に

帰するということはいうまでもない。

　いずれにしても、世界の水ビジネスは急激な勢いで動いており、世界市場の争奪戦は激烈を極めている。伊予水軍の末裔であり、日本海海戦の作戦参謀であった秋山真之氏の言をひいて、この本が、日本の水ビジネスの振興の一助になることを祈念して筆を擱くこととする。

　　興国の興廃此の一戦に在り、各員一層奮励努力せよ

　2010年2月　山手通り沿いの中目黒のスターバックスにて

中村 吉明

## 参考文献

相川泰［2008］『中国汚染――「公害大陸」の環境報告』ソフトバンク新書.
浅野孝・清瀬一浩・名波義昭・浜口達男・安田成夫・吉谷純一［2008］「カレント・トピックス――海外の水管理政策動向（第8回）」『河川』12月号.
伊藤真実［2009］「『海外水循環システム協議会』の設立について」『環境管理』3月.
井上智夫［1998］「英国の水政策と社会の変遷――水事業の民営化の影響」『雨水技術資料』Vol.30.
岡本大典［2008］「アナリストの眼――水需要の拡大に伴い増加する膜市場」〈http://www.fukoku-life.co.jp/economic-information/report/download/report70_12.pdf〉.
外務省［2009］「政府開発援助（ODA）白書　2008年版／日本の国際協力　参考資料集」〈http://www.mofa.go.jp/mofaj/gaiko/oda/shiryo/hakusyo/08_hakusho_sh/pdfs/s2-6.pdf〉.
清瀬一浩［2009］「シンガポールの水政策――水不足克服から『グローバル・ハイドロ・ハブ』へ　及び若干の話題提供」『シンガポール日本商工会議所月報』5月.
栗原優［2009］「塩水淡水化と下廃水再利用ビジネスの現状と展望」『環境管理』3月.
経済産業省［2008a］『通商白書2008』.
経済産業省［2008b］「我が国水ビジネス・水関連技術の国際展開に向けて――『水資源政策研究会』取りまとめ」7月.
経済産業省［2009］『通商白書2009』.
厚生労働省健康局水道課［2009］「みんなの水道2009」.
国土交通省　土地・水資源局水資源部［2008］「平成20年版日本の水資源について――総合的水資源マネジメントへの転換」.
国土交通省　土地・水資源局水資源部［2009］「平成21年版日本の水資源について――総合水資源管理の推進」.
産業競争力懇談会（COCN）［2008］「水処理と水資源の有効活用技術――急拡大

する世界水ビジネス市場へのアプローチ」.
篠原哲哉・角石伸一・篠崎功［2004］「民営化をはじめとする上下水道事業の新たなフレームワーク」『東芝レビュー』Vol.59, No.5.
ダイヤモンド社［2007］「食卓危機――世界で買い負ける食糧と水」『週刊ダイヤモンド』7月21日号.
竹ケ原啓介［2005］「水循環の高度化に関する技術動向と展望――水処理ビジネスの新たな展開」日本政策投資銀行『調査』第75号.
中国環境問題研究会編［2007］『中国環境ハンドブック　2007〜2008年版』蒼蒼社.
内藤康行［2007］「巨大化する中国水ビジネスの激烈」『週刊エコノミスト』10月2日号.
中村吉明［2007］『環境ビジネス入門――環境立国に向けて』産業環境管理協会.
（社）日本原子力産業協会　海水の淡水化に関する検討会［2006］「海水淡水化の現状と原子力利用の課題――世界的水不足の解消をめざして」7月.
（社）日本産業機械工業会［2007］「平成19年度　環境装置の生産実績」.
日本政策投資銀行フランクフルト駐在員事務所［2005］「水道事業を中心とした欧州のPPPとわが国への応用可能性」9月.
東岡創示［2008］「東京水道の主要な取り組みと国際協力」自由民主党政務調査会特命委員会「水の安全保障研究会」プレゼンテーション資料.
平井光芳［2007］「世界における海水淡水化事業と日本企業の展開」『原子力eye』Vol.53, No.2.
三菱総合研究所［2009］「平成20年度環境負荷物質対策調査（循環型水資源管理ビジネスの海外展開等に関する調査）」3月.
有限責任中間法人膜分離技術振興協会・膜浄水委員会監修／浄水膜（第2版）編集委員会編［2008］『浄水膜（第2版）』技報堂出版.
Barlow, Maude［2007］*Blue Covenant: The Global Water Crisis and the Coming Battle for the Right to Water*, The New Press（佐久間智子訳［2008］『ウォーター・ビジネス――世界の水資源・水道民営化・水処理技術・ボトルウォーターをめぐる壮絶なる戦い』作品社，2008年）.
Global Water Intelligence［2007］*Global Water Market 2008.*

# 索　引

## 【A～Z】

A&D（Acquisition and Development）　164
BOO契約　67-69
BOTコンセッション契約　67,148,151
CH2M Hill　130,162-163,165
DBOO方式　131
Doosan　→斗山重工業
ECO-STAR計画　143
ESCO事業　95
GE　145,157-159
IBM　145,158,161,165,220
IHI　29
IMF　→国際通貨基金
IMS　62
International Desalination Association　224
ISO　→国際標準機構
IWPP　→独立系造水発電業者
JBIC　→国際協力銀行
JICA　→国際協力機構
Jパワー　82,153
LLP　→有限責任事業組合
LOTUS Project　→下水汚泥資源化・先端技術誘導プロジェクト
MBR　→膜式活性汚泥法
MED　→多重効用法
MSF　→多段フラッシュ法
MF膜　→精密ろ過膜
NEDO　→新エネルギー・産業技術総合開発機構
NEWater　→ニューウォーター
NEWater・ビジター・センター　132
NF膜　→ナノろ過膜
O&M契約　67-68
ODA　→政府開発援助
Ofwat　184
OM&M契約　67
PFI　10,67,69,184
PPP　→官民連携
PUB　→公益事業庁
RO膜　→逆浸透膜
RWE　→ライン・ウエストファーレン電力会社
SEAHERO　143
SIWW　→シンガポール国際水週間
SMART project　143
SPC　→特別目的会社
STEP　→本邦企業活用条件
TBT協定　→貿易の技術的障害に関する協定
UF膜　→限外ろ過膜
USウォーター　155
USフィルター　150,160-161
WSCJ　→水の安全保障戦略機構
WTO　→世界貿易機関
WWC　→世界水会議

233

## 【ア行】

あかり安心サービス　94
アクアルネッサンス90　49
アグアス・アルヘンティーナ　148
旭化成ケミカルズ　99,114
アメリカン・ウォーター・ワークス　156
一票否決制度　116
伊藤忠商事　28
インテル・インサイド　48
ヴェオリア　2,34,109,140,145,148-153,157,161,182,192,217
ヴェオリア・ウォーター　150
ヴェオリアジャパン　152
ウォーター・ハブ　132-135
ウォーターバロン　145-150,152,155,157,163-164,169,217
エコイマジネーション　158
荏原製作所　13,71,105
円借款　196-197,209,221
汚染賦課金　115
オペレーションとメンテナンス　4,6,13,19-20,61-62,81,87-88,149,164,175,193, 201,203-204,206
オリビア・ラム　138-139
オルガノ　13,91,105

## 【カ行】

海外水循環システム協議会　87,175,179,182,224
海外水メジャー　2,17-18,140-141,161,189,192-193,195,197-198,202,205,214,216,223
海水淡水化用逆浸透膜　51,53
改正水道法　9,18,20,69,81,88,182
活性汚泥法　47,57
過当競争　62
ガラパゴス化　21,87,189,206
環境ソリューションビジネス　92-95,108-109
環境力　107,109-110
かん水淡水化用逆浸透膜　51
完全民営化　67,70,184
官民連携（PPP）　10,67,126,131,184,198,222
機器売り　96,100
規模の経済　62-63,85-86,164,185,203
逆浸透法　31,35,45,48,50,54,143,199
逆浸透膜（RO膜）　14-15,31,36,47,49-51,53,55-56,60,62,139,141,143,199
栗田工業　8,13,32,91,97-99,105
クリプトスポリジウム　49
グローバル・ウォーター・インテリジェンス　4,224
グローバル・ハイドロ・ハブ　129
下水汚泥資源化・先端技術誘導プロジェクト（LOTUS Project）　82
下水道グローバルセンター　87,174,176,179
下水道法　81
限外ろ過膜（UF膜）　36,50-52
コア・コンピタンス　101,145,158,165
高圧逆浸透膜　36-37
公益事業庁（PUB）　127-128,133,136

−137
合流式　83
国際協力機構（JICA）　176,189,222
国際協力銀行（JBIC）　39,136,140
国際通貨基金（IMF）　17,147
国際標準化　188-189
国際標準機構（ISO）　188
コンサルティング・ファーム　43,88,
　119,131,162,165,187-188,198,207

## 【サ行】

再生水利用技術　88
ササクラ　8,29,32
産業競争力懇談会　5-7,45,170,172,
　192,199,214
ジェイ・チーム　13,86
市場の失敗　183,198
シーメンス　145,150,157,159-161
ジャパンウォーター　14,71,86
シャープ　12,91,97-99
省水化技術　14,87
省水型・環境調和型水循環システム
　63,88,171,207,213
蒸発法　8,27-32,34-35,45,49,199
新エネルギー・産業技術総合開発機構
　（NEDO）　111
シンガポール国際水週間（SIWW）
　135
シンガポール国立大学　129,136,138-
　139
新成長戦略（基本方針）──輝きある日
　本へ　181
水質汚濁防止法　13,23

スイッチング・コスト　84
水道機工　62
水道ビジョン　173
水道法　64,81
スエズ　2,34,109,145,148-149,154-
　155,157,161,192,217
スパイラル膜　52-53
スマートグリッド　145,158,165,220
スマートメーター　162
住友重機械工業　13,105
住友商事　113
性能発注　79-81
政府開発援助（ODA）　20,173-174,
　178,191,193,195-197,209,221-222
精密ろ過膜（MF膜）　50-52,59,62
世界銀行　17-18,136,147,183
世界貿易機関（WTO）　188
世界水会議（WWC）　146
世界水フォーラム　146-147,225
選択と集中　100
双日　110,113-114
ソニーケミカル　99
ソニーケミカル＆インフォメーションデバ
　イス　99

## 【タ行】

太湖　111
多重効用法（MED）　29-31,35,50,143
多段フラッシュ法（MSF）　29-31,35,
　50,143
チーム水道産業　日本　87,177-178
チーム水　日本　169,178,215,220
中空糸膜　51-53,56,59

超純水　4,12,50,56,92,95-97,99-100,
　　132,199-200
低圧逆浸透膜　36-37
テムズ　145,148,156,217
溜池　111
電気透析法　31,35
東洋紡　47,49,51,53-54
東レ　47,49,51,53-54,61-62,137
特別目的会社（SPC）　100,175
独立系造水発電業者（IWPP）　28,37,
　　40
斗山重工業（Doosan）　30,32,143
トータル・コーディネート　18,139
トータル・マネジメント　146,158,161

【ナ行】

ナノろ過膜（NF膜）　50-51
南洋理工大学　129,136-139
日揮　28,37,111
日興アセットマネジメント　149
日東電工　47,49,51,53-54,62,114,
　　133-135
日本水フォーラム　182
ニューウォーター（NEWater）
　　125-126,129-132,135,139
濃縮水　60
野村アセットマネジメント　149
野村證券　149
野村マイクロ・サイエンス　8,32

【ハ行】

ハイフラックス社　111,123,126,129,
　　138-140

バーチャル・ウォーター　219,223
パナソニック　12
範囲の経済　61-63,85-86,164,
　　203-204
ピクテ銀行　149
日立造船　8,29,31-32
日立プラントテクノロジー　13,105
ファウリング　60
富士化水工業　106,110,112-113
ブラック・アンド・ビーチ社　130,
　　162-163,165
フルコスト・プライシング　147
フレッシュ・ウォーター・サービス
　　153
分流式　83
貿易の技術的障害に関する協定（TBT協定）
　　188-189
包括的民間委託　18,79-80,84-86,185
本邦企業活用条件（STEP）　209

【マ行】

膜式活性汚泥法（MBR）　47-49,
　　57-58,135
膜法　8,27-29,31-32,34-35,43-45,
　　47,59,143
マッコーリー・グループ　157
マニラウォーター　19
まみずピア　35,43
マリーナ・バラージ　126
丸紅　28,30,37,113,151
水売りビジネス　13,56,91-92,95-
　　100,109,199-200,223
水循環基本法研究会　180

水男爵　→ウォーターバロン
水の安全保障研究会　181
水の安全保障戦略機構（WSCJ）　179,215
水の安全保障に関する特命委員会　181
水のバリューチェーン　148,203
水問題に関する関係省庁連絡会（政府）　180
水利権　63,71-73,84-85,89
三井物産　28
三菱重工　8,29,32
三菱商事　13,19,31,71,201
三菱UFJ投信　149
民間資金等の活用による公共施設等の整備等の促進に関する法律（PFI法）　68
無償資金協力　196,209,221
メタウォーター　10,69,83

モジュール　21
モジュール化　165,202
「モノ売り」ビジネス　7

## 【ヤ行】

有限責任事業組合（LLP）　170,172,175
有償資金協力　196,209
ユナイテッド・ウォーター　155-156
4つの蛇口　125-126

## 【ラ行】

ライン・ウエストファーレン電力会社（RWE）　156
リー・クワンユー水賞　136
リース（アフェルマージュ）契約　67,70
漏水率　15-16,198

## 著者紹介

新エネルギー・産業技術総合開発機構（NEDO）研究開発推進部長．1987年早稲田大学大学院修了．同年通商産業省（現・経済産業省）入省．1996年スタンフォード大学大学院修了．2001年東京工業大学大学院経営工学専攻博士課程修了（博士（学術））．主な研究分野：産業政策，産業政策の政策効果分析，産学官連携，ナショナル・イノベーション・システムなど．経済産業省環境指導室長等を経て，2009年7月より現職．
主な著書に『環境ビジネス入門』（社団法人産業環境管理協会，2007年）．

---

日本の水ビジネス

2010年3月18日　発行

著　者　中村　吉明（なかむら　よしあき）
発行者　柴生田晴四

発行所　〒103-8345　東京都中央区日本橋本石町1-2-1　東洋経済新報社
　　　　電話　東洋経済コールセンター03(5605)7021　振替00130-5-6518
　　　　印刷・製本　東洋経済印刷

本書の全部または一部の複写・複製・転訳載および磁気または光記録媒体への入力等を禁じます．これらの許諾については小社までご照会ください．

Ⓒ 2010〈検印省略〉落丁・乱丁本はお取替えいたします．
Printed in Japan　ISBN 978-4-492-76186-1　http://www.toyokeizai.net/